Timo Cyriax

Die Auswirkungen von großräumigen Verkehrswege-Projekten auf die Regionalentwicklung

GRIN Verlag

Bibliografische Information der Deutschen Nationalbibliothek:

Die Deutsche Bibliothek verzeichnet diese Publikation in der Deutschen Nationalbibliografie; detaillierte bibliografische Daten sind im Internet über http://dnb.d-nb.de/ abrufbar.

Impressum:

Druck und Bindung: Books on Demand GmbH, Norderstedt Germany
ISBN: 978-3-638-93327-8

Dieses Buch bei GRIN:

http://www.grin.com/de/e-book/46577/die-auswirkungen-von-grossraeumigen-verkehrswege-projekten-auf-die-regionalentwicklung

Die Auswirkungen von großräumigen Verkehrswege-Projekten auf die Regional-Entwicklung – der Forschungsstand

Bearbeitung: Timo Cyriax, Praktikant BMVBW, Referat AR20, Datum: 06/07 - 2004

Gliederung:

1. Einleitung

Ausgehend von der These, daß die Auswirkungen von großräumigen Verkehrswegeprojekten dort am größten sind, wo die Strukturschwäche und die Erreichbarkeitsdefizite am Größten sind, soll in dieser Bearbeitung der aktuelle Forschungsstand (2004) hinsichtlich der Frage, ob und wenn ja, welche positiven und negativen Effekte solche Verkehrswege-Projekte für die Regional-Entwicklung haben, dargestellt werden.
Für eine Analyse der möglichen Auswirkungen solch neuer Verkehrswege ist es sinnvoll, sich mit den Effekten auf möglichst viele Teilbereiche der regionalen Entwicklung zu beschäftigen. Hierzu zählen insbesondere im wirtschaftlichen Untersuchungsfeld die Frage der Beschäftigungsentwicklung, gerade in bezug auf den Grad und die Veränderungen der Arbeitslosigkeit, die Entwicklung des regionalen BIP, die Entwicklungen hinsichtlich der Ansiedlung neuer und der Expansion bestehender Betriebe und in diesem Zusammenhang der Einfluß der neuen Verkehrswege auf die Standortwahl der Betriebe auf Makro- und Mikro-Ebene, also im über- und im intraregionalen Vergleich. Bei der Betrachtung der wirtschaftlichen Regionalentwicklung ist insbesondere die Differenzierung der Branchen und Wirtschaftssektoren ein geeignetes Untersuchungsgebiet, um festzustellen, inwieweit die als „zukunftsfähig" geltenden innovativen Sektoren der Forschung und Entwicklung, die Industrie- und Gewerbe-Branchen sowie der Wirtschaftssektor der Dienstleistungen von einem Ausbau der Verkehrsinfrastruktur profitieren und sie als wichtig für wirtschaftlichen Erfolg betrachten. Beachtenswert ist in diesem Zusammenhang natürlich auch die Frage der Erweiterung der Konkurrenz-Situationen auf dem regionalen Markt sowie die Entwicklung der Exportfähigkeit der in der Region ansässigen Firmen auf neuen externen Märkten.
Diskutiert werden sollte in diesem Kontext sicherlich auch die Bedeutung des Verkehrswegebaus für die regionale Baukonjunktur und die damit einhergehenden vorübergehenden Auswirkungen für den regionalen Arbeitsmarkt, die Rohstoffproduktion und den regionalen Konsum von Gütern verschiedenster Art.
Ein weiterer wichtiger Punkt sind in jedem Falle die Auswirkungen der großräumigen Verkehrswegeprojekte auf die Entwicklung von Erreichbarkeit, Versorgung mit Gütern und mittel- und oberzentralen Funktionen, die Verbesserung der Reisegeschwindigkeit, die Verbindungsqualität zu Verkehrsknotenpunkten und höherrangigen Verkehrsverbindungen usw..
Weitere zu beachtende Bereiche sind die Fragen der Entwicklung von Art und Umfang des regionalen Tourismus, der Raum- und Lebensqualität im Allgemeinen und damit die Veränderungen der räumlichen Bevölkerungsentwicklung, der städtebaulichen und -klimatischen Effekte und so auch das große Betrachtungsfeld der Veränderungen im Umweltbereich hinsichtlich der möglichen Be- und/oder Entlastung von Flora und Fauna.
Schlußendlich sollte bezüglich der Regionalentwicklung in Folge des Aus- und Neubaus von großräumigen Verkehrswegen natürlich auch die Zielsetzung der raumordnerischen Ziele auf Bundes- und EU-Ebene hinsichtlich des Abbaus von Disparitäten zwischen den Regionen (EU-Kohäsionsziel) und der Entwicklung von gleichwertigen Räumen im Blickfeld stehen.
In dieser Bearbeitung sollen nun die verschiedenen Positionen der Autoren, die unterschiedlichen Ansätze und Meinungen sowie die prognostizierten und festgestellten positiven und negativen Auswirkungen, aber auch das Verneinen von Effekten großräumiger Verkehrswegeprojekte auf die regionale Entwicklung dargestellt und vergleichend gegenübergestellt werden.

2. Der Einfluß auf die regionale Wirtschaft

Die Bedeutung neuer überregionaler Verkehrswege für die positive Weiterentwicklung der regionalen Wirtschaft ist in der Forschung umstritten. Einige Autoren (v.a. Lutter; 1981, 1992, 1993) weisen den neuen Verkehrswege-Projekten nur eine geringe, wenn überhaupt vorhandene Bedeutung für positive Tendenzen in der Regionalwirtschaft zu. Andere Quellen (u.a. Eckey und Horn; 1995) siedeln dagegen die Verkehrsinfrastruktur in ihrer Bedeutung

als Standortfaktor weitaus höher an und sehen demzufolge in einer Verbesserung der Erreichbarkeit ein deutliches Potential für die Verbesserung der Indikatoren der regionalen Ökonomie.
In einer nicht geringen Zahl von Arbeiten wird dem Einfluß der neuen Verkehrsprojekte nur eine marginale Bedeutung zugeschrieben und er gegenüber anderen Faktoren als zu vernachlässigend eingestuft, und innerhalb der Autorengruppe, die solchen Projekten einen Einfluß auf die Regionalwirtschaft einräumt, halten sich die prognostizierten und festgestellten positiven und negativen Effekte etwa die Waage.

2.1 Standortwahl von Unternehmen

Hinsichtlich der Standortwahl von Unernehmen zwischen verschiedenen Regionen wird in der Literatur der Verkehrsanbindung nur eine geringe oder gar keine Bedeutung zugeschrieben. Der entscheidende Grund für diese geringe Bedeutung wird im Faktor „Ubiquität“ gesehen (Lutter; 1981). Aufgrund der ubiquitären, also allgegenwärtigen bundesweit guten Ausstattung mit großräumigen Verkehrswegen wird es einer Region nur durch Verbesserung ihrer Erreichbarkeitsverhältnisse nicht mehr gelingen können, in großem Umfang neue Unternehmen in der Region anzusiedeln, da diese Unternehmen in nahezu allen anderen Gebieten ähnliche, gleich gute oder sogar noch bessere Verkehrsanbindungen vorfinden werden. Somit können gute Verkehrsanbindungen und eine schnelle Erreichbarkeit heute einer Region nicht mehr als Pull-Faktor der Unternehmensneuansiedlung dienen, sondern es kann durch die Realisierung von Verkehrswegeprojekten lediglich erreicht werden, daß eine Region nicht länger als peripher und damit als schlecht erreichbar gilt, die potentielle Investoren abgeschreckt und möglicherweise sogar bereits bestehende Unternehmen sich gezwungen sehen, aus der Region abzuwandern (Push-Faktor „schlechte Erreichbarkeit“). Die Realisierung neuer großräumiger Verkehrswege kann also nicht als positiver Standortfaktor für eine Region gesehen werden, sondern hat lediglich das Potential zur Abwendung bzw. Minderung negativer Effekte der wirtschaftlichen Entwicklung. In der interregionalen Konkurrenz ist also der Neubau von Verkehrswegeprojekten als zu vernachlässigend anzusehen.
Ein weiterer Grund für die geringe Bedeutung solcher Verkehrs-Großprojekte in bezug auf die Standortwahl der Unternehmen ist, daß von den meisten Autoren andere harte und weiche Standortfaktoren („hard und soft location factors“) als bedeutsamer im Vergleich angesehen werden. In einigen Unternehmens-Befragungen wurde der Verkehrsanbindung nur eine untergeordnete Rolle im Vergleich zu Faktoren wie der Möglichkeit des Erwerbs günstiger Gewerbeflächen und möglicher Expansionsfähigkeit derselben, der steuerlichen Situation, der regionalen Wirtschaftsförderung, der traditionellen und regionalen Verbundenheit, des Vorhandenseins des Mitarbeiterstamms oder der günstigen Lage in Gewerbe- oder Dienstleistungszentren, der Standortqualität oder auch des wenig greifbaren oder quantifizierbaren „Images“ der Region zugestanden.
In bezug auf Neuansiedlungen in den neuen Bundesländern wird zusätzlich die Wichtigkeit der Verkehrsanbindung als Standortfaktor zurückgestellt hinter die oft ungeklärten Fragen der Flächenausweisung sowie generell des Boden-Eigentums. Somit läßt sich sagen, daß bezüglich der Standortfaktoren der überregionalen Verkehrsanbindung nur eine geringe Bedeutung zugeschrieben wird, da die Verbindungsqualität in nahezu allen Regionen als gleich gut oder zumindest akzeptabel angesehen wird.
Generell werden auch den Standortfaktoren eine im Vergleich geringe Bedeutung zugeschrieben. Die Innovationsfähigkeit eines Unternehmens, die Forschungs- und Entwicklungskraft, die Finanzlage, das Marketing, die Auftragslage, die allgemeine Konjunktur und die Konkurrenzsituation gelten den meisten Firmen für den unternehmerischen Erfolg als weitaus bedeutsamer.
Während auf der überregionalen „Makro-Ebene“ der großräumigen Verkehrsanbindung aufgrund der Ubiquität und dem Primat anderer Standortfaktoren nur eine geringe Bedeutung zuerkannt wird, verhält es sich auf der intraregionalen „Mikro-Ebene“ etwas anders. Durch den Bau neuer überregionaler Verkehrswege ist zu beobachten, daß sich die

Unternehmen des sekundären, aber auch des tertiären Sektors in der Folge zumeist in unmittelbarer Nähe zu dieser neuen Verkehrs-Achse ansiedeln, bspw. in direkter Umgebung eines Autobahnanschlusses. Eine intraregionale Konzentration findet statt (Lutter; 1981).
Damit könnte es der Raumplanung und –ordnung gelingen, das Instrument der Realisierung großräumiger Verkehrswege hinsichtlich der Entwicklung der Siedlungsstruktur zu einem gewissen Grad zur Bündelung der Gewerbeansiedlung an den Entwicklungsachsen zu nutzen. Dazu bedarf es aber auch der intraregionalen Kooperation der Städte und Gemeinden zur Ausweisung gemeinsamer Gewerbeflächen (Modellprojekte, „Interkommunale Gewerbeparks" u.ä.).
Als bedeutsamer Einflußfaktor für die Ansiedlung neuer extraregionaler Unternehmen scheinen überregionale Verkehrswegeprojekte jedoch den meisten Autoren nicht geeignet.
In Unternehmensbefragungen hat sich zudem herausgestellt, daß eher die intraregionalen kleinräumigen Verkehrswege als Flaschenhals des Transports und der Erreichbarkeitsverhältnisse anzusehen sind. Fehlende Ortsumgehungen, eine Vielzahl von Baustellen und die hohe Verkehrsdichte auf Bundesstraßen werden von vielen Unternehmen als dringendere Probleme betrachtet als die Verfügbarkeit und Qualität der überregionalen Verkehrsverbindungen (Marquardt-Kuron; 1996).
Einige wenige Arbeiten (v.a. Eckey, Horn; 1995) attestieren jedoch der Verkehrsinfrastruktur in der Gegenwart und nahen Zukunft wieder eine gesteigerte Bedeutung. Sie sehen trotz der Tatsache, daß ein Teil der persönlichen Unternehmenskontakte, vor allem hinsichtlich des hohen Grades der Technisierung, durch Telekommunikation substituiert werden konnte, einen gesteigerten Bedarf der Unternehmen an großräumigen Verkehrswegen. Dies wird vor allem durch die zunehmende Auslagerung der Produktion in vielen Betrieben erklärt. Durch die zu beobachtenden Prozesse der „lean-production", die hier vor allem als Auslagerung von Teilen der Produktionskette auf Lieferanten und Vorproduzenten relevant ist, und die „just-in-time"-Beschaffung der Vorprodukte, was bedeutet, das zunehmend die Logistik- und Speditionsbranche als „rollende Lager" genutzt werden, ergibt sich natürlich in der Folge ein gesteigerter Bedarf an effektiver und schneller Transportfähigkeit für die Gewerbe- und Industriebetriebe. Die Erreichbarkeit als Kalkulationsfaktor rückt aus unternehmerischer Sicht wieder mehr ins Zentrum der Betrachtung. Da im Kosten-Gesamtverhältnis die reinen Transportkosten allerdings für die meisten Branchen zur marginalen Größe geworden sind, ist es nunmehr die Zeit bzw. die Geschwindigkeit, die als zu minimierendes Zielobjekt angesehen wird.
Auch konnte nachgewiesen werden, daß Gewerbe-Standorte mit kurzer Anbindung bzw. direkt an Verkehrsachsen wie z.B. Autobahnen eine größere Summe von Investitionen (insbesondere der durch die Gemeinschaftsaufgabe „Verbesserung der regionalen Wirtschaftsstruktur" und / oder nach Ziel 1 und 2 des EFRE geförderten Maßnahmen) anziehen konnten (Laschke; 1998). Hier sind insbesondere die von einer großen Zahl von Vorproduzenten und Lieferanten abhängigen Unternehmen jene, denen ein solcher Standort die höchsten Einsparungen verspricht. Dieser Effekt der Konzentration von Unternehmen an Autobahnanschlüssen wird allerdings in anderen Untersuchungen bestritten (anhand der Beispiele BAB 19 / BAB 24 in Marquardt-Kuron; 1996).
Zu beachten ist ebenso der Bedarf der persönlichen Kommunikation und Erreichbarkeit von Unternehmen, die in hohem Maße auf den engen Kontakt mit Firmen und die nahe Betreuung ihrer Kunden angewiesen sind. Für sie ist es existentiell wichtig, über eine gute regionale und überregionale Verbindungsqualität verfügen zu können, aber auch eine Anbindung an höchstrangige Verkehrsknotenpunkte wie Hochgeschwindigkeitsbahn-Anschlüsse oder Flughäfen mit interkontinentalem Verkehr sind von entscheidender Bedeutung für solche Firmen.
Somit ist sicherlich festzustellen, daß die Meinungen der Autoren in dieser Frage sehr ambivalent sind und es erfordert wohl eine genauere Differenzierung der Bedeutung des Standortfaktors „Erreichbarkeit" für die einzelnen Branchen, um die jeweilige Relevanz im Vergleich mit anderen Faktoren beurteilen zu können. Für die Speditions- und Logistikbranche dürften die zu erwartenden Gewinne in Zeit und Kosten natürlich vergleichsweise höher sein, so daß diese Sparte von einer Verbesserung der Erreichbarkeit sicherlich mit am Stärksten profitieren wird.

Generell gilt, daß in wirtschaftsstarken zentralen Räumen zusätzlichen Verkehrswege-Projekten aufgrund des nahezu nicht vorhandenen Einflusses auf Erreichbarkeit und Reisegeschwindigkeit keine Potentiale für die regionale Entwicklung gesehen. In wirtschaftsschwachen peripheren Regionen dagegen sind große Verkehrswegeprojekte als Einzelmaßnahme ohne begleitende Investitionen offenbar bei der Ansiedlung neuer Unternehmen nur wenig nützlich.

2.2 Beschäftigung

Zumeist wird in der verwendeten Literatur die Entwicklung der Beschäftigung in der Folge der Errichtung neuer Verkehrswege eher negativ bewertet. Aufgrund der verbesserten Erreichbarkeit der peripheren Regionen werden hauptsächlich zwei Trends skizziert.
Hierbei handelt es sich zum einen um die Annahme, daß aufgrund der Steigerung der Erreichbarkeitsverhältnisse der Import von Gütern und Fertigprodukten aller Art in die Region der direkten Produktion vor Ort vorgezogen wird, da solche Produkte an anderer Stelle, zumeist in den Stammwerken großer Unternehmen, in der Masse günstiger produziert werden können. So wird im Ganzen die Summe der für die Herstellung von Regionalerzeugnissen benötigten Arbeitnehmer geringer werden und damit der Effekt auf den regionalen Arbeitsmarkt tendenziell eher negativ sein.
Zum anderen wird der Trend zu einer Abwanderung der Arbeitskräfte, sei es permanent oder nur tageszeitbedingt durch Pendlerströme, in wirtschaftsstarke Regionen von den Autoren beobachtet (u.a. bei Marquardt-Kuron; 1996). Diese sogenannten „Sogeffekte" in Richtung wirtschaftsstarker Räume können zwar den heimischen Arbeitsmarkt entlasten und zu einer Senkung der Arbeitslosenquote führen, führen aber hinsichtlich des regionalen Konsums zu einer Schwächung und (zumindest teilweise) zu einer Ertragsminderung für den Handel, da die externen Arbeitnehmer einen Teil ihres Konsums in der näheren Umgebung ihres Arbeitsplatzes durchführen oder bei totaler Abwanderung der Konsum sogar gänzlich entfällt. Beachtenswert ist hierbei auch, daß vor allem die jungen Bevölkerungsgruppen unter 25 Jahren abwandern und damit die Abwanderungsgebiete und peripheren Räume nicht nur dem Prozeß des „brain drain", also der Abwanderung des als innovativ und kreativ vermuteten menschlichen Potentials, sondern auch einer Überalterung und der damit verbundenen Probleme der Finanz- und Sozialhaushalte unterworfen werden.
In der Betrachtung der Entwicklung der Firmenstruktur ist zu befürchten, daß gerade für den Fall neuer großräumiger Verkehrswegeprojekte in Ostdeutschland oder der Grenzregion Bayerns zu Tschechien die bisher in der Region ansässigen Firmen eine partielle oder totale Verlagerung der Produktion in die angrenzenden neuen EU-Erweiterungs-Länder in Betracht ziehen und damit die intraregionale Beschäftigungsstruktur weiter unter Druck gerät bzw. stark geschwächt wird (siehe hierzu Marquardt-Kuron; 1996).
Betrachtet man die Bauphase solcher großräumiger Verkehrsprojekte, so wird auch hier für die regionale Baubranche nur ein, wenn überhaupt vorhandener, geringer Konjunkturanstieg prognostiziert. Dies wird begründet durch die Tendenz, solche Großaufträge an die großen Bauunternehmen zu vergeben, die auch aufgrund Ihrer betrieblichen Organisation, Erfahrung, technischen Möglichkeiten und Struktur in der Lage sind, hinsichtlich der Kosten und Geschwindigkeit ein solches Projekt angemessen zu realisieren. Besonders in strukturschwachen Räumen sind oftmals nicht die Firmen ansässig sind, die für solche Aufträge benötigt werden. Deshalb werden hier häufig große Bau-Unternehmen aus externen Regionen zur Verwirklichung herangezogen. Die lokale Baubranche findet somit in der Regel keinen oder nur geringen Zugang bei der Realisierung solche großräumiger Verkehrsprojekte, allenfalls durch Rohstoff-Zulieferungen oder die Vergabe kleinerer Teilarbeiten kann hier die lokale Baubranche profitieren. Damit entsteht auch während der Bauphase kein übermäßig großer regionaler Beschäftigungseffekt, es sei denn durch die in Folge der zusätzlichen externen Arbeitskräfte hinzukommenden möglichen Auswirkungen im Bereich der Hotellerie, des Gaststättengewerbes und des Handels (Marquardt-Kuron; 1996).

2.3 Handel

In der Forschung werden hinsichtlich der Entwicklung des Handels im Falle des Baus großräumiger Verkehrsprojekte ebenso einige Effekte dargestellt. Neben dem bereits in der Diskussion der intraregionalen Standorte erwähnten Effekt, daß sich in der Nähe der Autobahnanschlüsse Industrie- und Gewerbebetriebe ansiedeln, wird auch für den Handel eine ebensolche Entwicklung gesehen.
Neuansiedlungen von großflächigem Einzelhandel sind ein festgestellter Trend, der kurzfristig auch positive Effekte auf die regionale Beschäftigungsstruktur hat (Lutter; 1981). Dieser Beschäftigungseffekt ist jedoch als nicht dauerhaft anzusehen, da durch den großflächigen Einzelhandel mit externer Zulieferung der intraregionale kleinere Einzelhandel, der lediglich auf den lokalen Markt ausgerichtet ist, verdrängt wird. Damit kommt es nicht nur zu einer Reduzierung der gewachsenen Strukturen im Einzelhandel, sondern möglicherweise sogar auch zu Engpässen in der lokalen Versorgung und regional betrachtet auch zu einem Abfluß von Steuereinnahmen in die Stammregionen der neu ansässigen großen Einzelhandelsfirmen. Damit führt ein großräumiges Verkehrsprojekt nicht automatisch nur zu positiven Effekten hinsichtlich des im ROG festgelegten Ziels der Grundversorgung der Bevölkerung, sondern kann auch Lücken in der Abdeckung der Versorgung peripherer Räume, insbesondere im kleinen Maßstab, verursachen. Auch hierbei ist in der Konsequenz dann zu beachten, daß ein negativer Effekt auf die Beschäftigungsstruktur hervorgerufen wird, wenn statt der Vor-Ort-Produktion des kleinen Einzelhandels nur noch für den großflächigen Einzelhandel in Autobahnnähe eine Anlieferung der fertigen Produkte stattfindet. Eine weitere Verlagerung des Arbeitsmarktes in Richtung der zentralen wirtschaftsstarken Regionen ist die Folge.

2.4 Tourismus

Wie auch für die anderen bereits beschriebenen Teilbereiche, so sind auch für den Tourismus positive wie negative Effekte festzustellen. So ist zwar zunächst durch die starke Verbesserung der Erreichbarkeit mit einem Wachstum in der Tourismus-Branche zu rechnen, jedoch ist dieser als qualitativ „minderwertiger" einzustufen. Die Zahl der Dauer-Übernachtungen und Langzeit-Urlauber wird sich nicht wesentlich erhöhen, jedoch die Zahl der Wochenend- und Tagestouristen in den Urlaubsgebieten und Kulturzentren (Lutter; 1993) ansteigen und mit ihr einhergehend die Summe des autoorientierten Individualverkehrs mit all seinen positiven und negativen Folgen (Marquardt-Kuron; 1996).

2.5 Räumliche Qualität – Umwelt- und Städtebau-Effekte, Lebensqualität

Betrachtet man die räumlichen Effekte solch großer Verkehrswegeprojekte im Hinblick auf die veränderte Qualität des Raumes, so fällt zunächst die Verbesserung der Erreichbarkeitsverhältnisse ins Blickfeld, die es der Bevölkerung sowie den Betrieben in der Region ermöglicht, ihr Betätigungsfeld nach außen stark zu erweitern, aber auch Firmen von außerhalb ist so natürlich der Eintritt in den lokalen Markt stark erleichtert, eine Verstärkung der Konkurrenz auf dem Gütermarkt in beide Richtungen also gegeben.
Des weiteren sind natürlich die Effekte auf die Umwelt, die Bebauungssituation und weiteren städtebaulichen Effekte, die Veränderungen der lokalen und regionalen Verkehrssituation und damit letztendlich auf die regionale Lebensqualität und damit der Attraktivität einer Region beachtenswerte Auswirkungen des Baus neuer großer Verkehrswegeprojekte.
Im Umweltbereich können sowohl negative als positive Folgen des Neubaus von Großverkehrswegen beobachtet werden. So sind vor allem die großen Flächeninanspruchnahmen solcher Projekte, die Zerschneidung der Landschaft, die zusätzlichen Schadstoff- und Lärmemissionen und die neuen landschaftlichen Trennungswirkungen von Hauptverkehrsachsen in Folge eines möglichen neuen und erhöhten Verkehrsaufkommens als negative Auswirkungen neuer großräumiger

Verkehrswege zu nennen. Entscheidender Faktor ist hierbei, ob der neue Verkehrsweg als zusätzliche Verkehrsstraße in der Region dient und so das gesamtregionale Verkehrsaufkommen steigt oder ob dieses neue Projekt hauptsächlich dem in der Raumwirksamkeitsanalyse des Bundesverkehrswegeplans 2003 formulierten Ziel der „Entlastung und Verlagerung" dienen kann und wird. Wenn der neue großräumige Verkehrsweg als Entlastungsstrecke für die alten Verbindungen dienen kann, ist es auch möglich, durch solche Maßnahmen den umweltbelastenden Verkehr von „ökologisch sensiblen Bereichen" (Gather; 1997, S. 24) wie Naturschutzgebieten, Trinkwasserschutzgebieten und ähnlichen Arealen zumindest teilweise abzuziehen. Hinsichtlich der Entlastung der alten Verkehrswege ergeben sich auch für die Lebens- und Wohnqualität positive Potentiale zur Reduktion von Schadstoff- und Lärmemissionen, des Verkehrs- und Unfallaufkommens und damit auch der Chance der Restrukturierung und des Rückbaus der innerstädtischen Verkehrswege und damit einer deutlichen Verbesserung der Verkehrssituation (Gather; 1997).

3. Resumée

Ein wirtschaftlicher Effekt für die Regionalentwicklung in peripheren strukturschwachen Räumen durch den Bau großräumiger Verkehrsprojekte ist nicht eindeutig nachweisbar. Die denkbaren positiven Auswirkungen auf das regionale BIP, die Arbeitslosigkeit, die Beschäftigung und das regionale Wirtschaftswachstum im Allgemeinen sind nicht die alleinige Folge der Realisierung von neuen Verkehrsinfrastrukturmaßnahmen. Die nachweisbaren positiven Effekte sind in ihrer Höhe teilweise sehr gering, teilweise auch nur als nicht quantifizierbare „soft locations factors" (Wegener, Bökemann; 1998) ausdrückbar und stehen in jedem Fall in vielen Teilbereichen in Konkurrenz zu den negativen Auswirkungen solcher Projekte. Auch im dritte Zwischenbericht des ESPON-Beobachtungs-Netzwerkes der EU ((European Spatial Planning Observation Network) werden den Verbesserungen des Transportsystems in Europa im Vergleich mit anderen wirtschaftlichen Einflußfaktoren nur eine geringe Bedeutung für die regionale Wirtschaftsentwicklung zugewiesen (siehe hierzu Köhler et al; 2003). Die bisherigen Modellberechnungen gehen von einem durch Verbesserungen der Transport-Infrastruktur verursachten zusätzlichen Wirtschaftswachstum von 1-2 Prozent über einen Zeitraum von 20 Jahren aus. Für periphere Gebiete und die EU-Osterweiterungs-Länder sieht der dritte ESPON-Zwischenbericht zwar die Möglichkeit eines signifikanten ökonomischen Fortschritts im Falle einer starken Verbesserung der Erreichbarkeitsverhältnisse, aber auch das Gegenteil wird für den Fall des verbesserten Zugangs zu günstigerer und effizienterer Versorgung in anderen Regionen als möglich angesehen.

Es zeigt sich, daß die Bedeutung der neuen Verkehrswege für die regionale Wirtschaftsentwicklung dort am größten ist, wo bereits alle anderen Indikatoren einer wirtschaftlich erfolgreichen Region gegeben sind, also in den wirtschaftsstarken, aber bisher peripher gelegenen Räumen. Hier können neue Verkehrsinfrastrukturen die größten Wirkungen erzielen. Damit können neue großräumige Verkehrswege als „Potentialfaktor", aber nicht als alleinige Motoren der wirtschaftlichen Entwicklung dienen, deren Fehlen aber als „Engpaßfaktor" und Hinderungsgrund verstanden werden (Biehl et al; 1975 , aus Laschke; 1998). Verkehrswege sind also notwendige, aber nicht hinreichende Bedingung für Wachstum (Wegener, Bökemann; 1998), „good infrastructure is important but neither a guarantee nor a precondition for economic development" (aus Schleicher-Tappeser; 2000). Die Lageverhältnisse werden durch den Neubau von großen Verkehrsmaßnahmen nicht mehr grundsätzlich verändert, sondern nur angeglichen und bestehende Defizite beseitigt bzw. abgemildert. Dieses Angleichen der Regionen und der Disparitätenabbau bezieht sich zwar auf die Erreichbarkeitsverhältnisse, aber aufgrund der Unklarheit der Auswirkungen der Verkehrsinfrastrukturmaßnahmen ist eine Übertragung der Kohäsionsziele der Europäischen Union auf die wirtschaftlichen Rahmenbedingungen nicht zwingend. Nach Studien haben sich die regionalen Einkommensunterschiede in der EU trotz der Bemühungen nicht verringert, sondern sogar vergrößert (Wegener, Bökemann; 1998).

Als Alternative zum Neubau von großräumigen Verkehrswegen wird ein Aus- und Umbau des bestehenden Verkehrswegenetzes vorgeschlagen. Durch Erweiterungen der Verkehrswege und Verlagerung, so z.B. durch den Bau von Ortsumgehungen, erhofft man sich bessere Beschäftigungseffekte für die regionale Baubranche und die lokale Bevölkerung mit allen positiven Auswirkungen auf die kommunalen und privaten Haushalte im Konsum, den Umwelteffekten, der Lebensqualität usw. (Marquardt-Kuron; 1996).
Zur weiteren Verbesserung der Ziele der „Entlastung und Verlagerung" ist auch ein Weg hin zur „Intermodalität" der Verkehrsträger angedacht. Statt des Neubaus neuer großer Straßenverkehrswege ist eine zumindest teilweise Verlagerung des Personen- und Güterverkehrs auf umweltfreundlichere oder effektivere und kostengünstigere Beförderungsträger wie Schienen- und Wasserwege sowie den Luftverkehr denkbar, um die regionale Verkehrssituation zu entlasten, gleichzeitig aber die Erreichbarkeitsverhältnisse nicht zu verschlechtern, sondern sogar durch alternative Gestaltung der Transportwege auszubauen (Lutter; 1993).

4. Literatur

Bach, S. (1994): Wechselwirkungen zwischen Infrastrukturausstattung, strukturellem Wandel und Wirtschaftswachstum: Zu Bedeutung wirtschaftsnaher Infrastruktur für die Entwicklung in den neuen Ländern; Beiträge zur Strukturforschung, Bd. 151, S, 157-168.

Blach, A.; Irmen, E. (1995): Strukturschwäche in ländlichen Räumen – ein Abgrenzungsvorschlag. Arbeitspapier BfLR, 1995, Bd. 15.

Bröcker, J. et al (2003): ESPON, 3rd interim report of action 2.1.1 of the ESPON, Kapitel 6, S. 158-161.

Eckey, H.-F.; Horn, K. (1995): Verkehrsinfrastruktur und wirtschaftliche Entwicklung in den neuen Ländern, In: Berichte zur deutschen Landeskunde, Bd. 69, H.2, S. 57-86.

Gather, M. (1997): Verkehrspolitik und Raumplanung – Erkenntnisse und Fragen aus einem dynamischen Spannungsfeld; In: Regionalentwicklung und Verkehr, Akademie für Raumforschung und Landesplanung, S. 18-33.

Laschke, B. (1998): Investitionen in die Verkehrsinfrastruktur begünstigen die Wirtschaftsansiedlung in Ostdeutschland; In: Raumforschung und Raumordnung, Heft 5/6, 1998, S. 406-413.

Lutter, H. (1981): Raumwirksamkeit von Fernstraßen, In: Informationen zur Raumentwicklung, Heft 3/4, 1981, S.155-163.

Lutter, H.; Pütz, T. (1992): Räumliche Auswirkungen des Bedarfsplans für die Bundesfernstraßen, In: Informationen zur Raumentwicklung, Heft 4, 1992, S. 209-220.

Lutter, H.; Pütz, T. (1993): Erreichbarkeit und Raumentwicklung in Europa – Welche Rolle spielen die Fernverkehrssysteme?; In: Informationen zur Raumentwicklung, Heft 9/10, 1993, S. 619-636.

Marquardt-Kuron, A. (1996): Die Autobahn A20 – Aufschwung Ost oder regionalwirtschaftlicher Risikofaktor; In: Schliephake, K., (Hrsg.), Raumbezogene Verkehrswissenschaften – Anwendung mit Konzept.

Schleicher-Tappeser, R. (2000): Effects of transport infrastructure and transportation costs on the development of European regions, EURES

Schürmann, C.; Spiekermann, K. (1997): Accessibility indicators: Model and report. SASI Deliverable D5.

Wegener, M.; Bökemann, D. (1998): The SASI Modell, Model Structure. SASI Deliverable D8.

Die Auswirkungen von großräumigen Autobahnprojekten auf die Regional-Entwicklung

–

Ein Vergleich von Gebieten mit und ohne neue Autobahnprojekte auf der Basis statistischer Analysen

Bearbeitung: Timo Cyriax, Praktikant BMVBW, Referat AR20, Datum: Juni/Juli 2004

Gliederung:

1. Einleitung

Welche Auswirkungen haben großräumige Autobahn-Neubauten für die regionale Entwicklung?
Diese Fragestellung ist der Ausgangspunkt für den statistischen Vergleich von mehreren Beispiel-Gebieten innerhalb der Bundesrepublik Deutschland anhand einer Reihe von wirtschaftlichen und demographischen Indikatoren. Um Vergleiche der Entwicklung von Gebieten, die in der Vergangenheit realisierte Autobahnprojekte aufzuweisen haben, mit jenen, in denen solche überregionalen Verkehrsprojekte nicht vorhanden sind, möglich zu machen, wurde eine Vielzahl von Daten verschiedener Art und Jahre gegenübergestellt.
Dies ermöglicht nicht nur ein Vergleich zwischen dem Status quo von nahe an Autobahnen gelegenen Kreisen mit jenen, die schlechtere Erreichbarkeitsverhältnisse aufzuweisen haben, sondern ebenfalls die Betrachtung zwischen beiden Arten der Zielgebiete (mit und ohne neue Verkehrswege) hinsichtlich der wirtschaftlichen Entwicklung innerhalb des untersuchten Zeitraums.
In diesem Bericht soll zunächst dargestellt werden, welche wirtschaftlichen Indikatoren generell mit guten und welche mit schlechten Erreichbarkeitsverhältnissen in Zusammenhang stehen, womit sich gleichzeitig auch Rückschlüsse ziehen lassen, auf welche Indikatoren neue Verkehrswege beziehungsweise verbesserte Erreichbarkeitsverhältnisse keinen oder nur einen unbedeutenden Einfluß haben. Hier muß allerdings erhöhte Vorsicht gelten, da nicht alle Indikatoren, die in hohem oder mittlerem Maße mit guten Erreichbarkeiten korrelieren, auch direkt von solchen abhängen bzw. beeinflußt werden. In der Summe der betrachteten Einzelindikatoren ergibt sich somit ein Bild, daß verdeutlicht, wie sich Gebiete mit guten und schlechten Erreichbarkeitsverhältnissen hinsichtlich der Indikatoren voneinander unterscheiden.
In den Untersuchungsgebieten, in denen es in der jüngeren Vergangenheit neue Autobahnbauten gab, soll darum untersucht werden, welche Entwicklungen die Indikatoren in den betrachteten Zeiträumen vollzogen haben.
Abschließend kann somit, zumindest in Ansätzen, durch die Datenanalyse gezeigt werden, welchen Einfluß neue Autobahnprojekte tatsächlich auf die Regionalentwicklung haben und konkret, in welchen Teilbereichen sie tatsächlich einflußnehmend sind.
Auch sollte hierbei beachtet werden, welche Lücken in der statistischen Analyse eine genauere Auswertung verhindern. Hierbei handelt es sich nicht nur um die in den Berichtsbänden verwendeten unterschiedlichen Indikatoren, sondern auch um die nicht darstellbaren bzw. nicht quantifizierbaren Veränderungen in den Bereichen der Umweltqualität, der Lebensqualität, der klimatischen Veränderungen und des weiteren der sogenannten „weichen Standortfaktoren".
In diesem Zusammenhang sollen auch die denkbaren Alternativen zum Bau neuer Autobahnprojekte in einem kurzen Ausblick erörtert werden, um verdeutlichen zu können, welche Bedeutung solche Infrastrukturmaßnahmen im Vergleich zu anderen Maßnahmen auf die Regionalentwicklung haben bzw. haben können.

2. Untersuchungsgebiete

Zur Untersuchung der Bedeutung neuer großräumiger Autobahnprojekte auf die Regionalentwicklung wurden diverse Betrachtungsräume ausgewählt, anhand derer eine Differenzierung der Entwicklung von Gebieten guter und schlechter Erreichbarkeit vorgenommen werden kann.
Die betrachteten Zielgebiete wurden darum vorab in zwei Kategorien eingeteilt.
Dabei handelt es sich einerseits um drei Gebiete, in denen es zuvor keine großen Autobahnstrecken gegeben hat und in denen in der jüngeren Vergangenheit solche Verbindungen neu errichtet wurden. In diesen jeweiligen Untersuchungsgebieten wurden solche Kreise und kreisfreien Städte, die nahe an der Autobahn gelegen sind oder durch die die jeweilige Autobahn hindurchgeht, unterschieden von jenen Gebieten, die weiter von der Autobahn oder an ihrem Ende gelegen sind.

2.1. Typ-I-Gebiete

Im Speziellen wurden folgende Gebiete *mit in jüngster Vergangenheit realisierten Autobahnprojekten* ausgewählt für die Untersuchung ausgewählt und als Typ-I-Gebiete klassifiziert:

a) **A81: Stuttgart-Singen**
(Realisierung in den Jahren 1973/75, 1977/78 und 1988/90)

Kreise mit guten Erreichbarkeitswerten (hier zentral an der A81 gelegen):

Stadt Stuttgart
Kreise Böblingen, Calw, Esslingen, Freudenstadt, Rottweil, Tübingen

Kreise mit schlechten Erreichbarkeitswerten (hier entfernt oder am Rande an der A81 gelegen:

Kreise Zollernalbkreis, Schwarzwald-Baar-Kreis, Tuttlingen, Konstanz, Bodenseekreis, Sigmaringen, Waldshut, Esslingen

b) **A3 Regensburg – Passau / A93: Autobahnkreuz A9/A93(Dreieck Holledau)-Regensburg-Weiden-Hof**
(Realisierung in den Jahren 1976/77, 1979, 1981/82, 1984, 1986/87, 1990, 1993, 1996-2000)

Kreise mit guten Erreichbarkeitswerten (hier zentral an der A3 oder A93 gelegen):

Städte Regensburg, Weiden i.d. Opf., Hof, Straubing
Kreise Pfaffenhofen a.d. Ilm, Landshut, Kelheim, Regensburg, Schwandorf, Amberg-Sulzbach, Neustadt an der Waldnaab, Straubing-Bogen, Hof, Deggendorf

Kreise mit schlechten Erreichbarkeitswerten (hier entfernt oder am Rande an der A3 oder A93 gelegen):

Stadt Passau
Kreise Cham, Tirschenreuth, Wunsiedel im Fichtelgebirge, Regen, Passau

**c) A31: Bottrop -Emden
(Realisierung in den Jahren 1981-2004)**

Kreise mit guten Erreichbarkeitswerten (hier zentral an der A31 gelegen):

Stadt Bottrop
Kreise Recklinghausen, Coesfeld, Osnabrück

Kreise mit schlechten Erreichbarkeitswerten (hier entfernt oder am Rande an der A31 gelegen):

Kreise Borken, Steinfurt, Emsland, Leer

Das zunächst ebenfalls ausgewählte Untersuchungsgebiet der A1/A48 (Eiffel-Autobahn) von Saarbrücken über Trier nach Koblenz wurde aufgrund der im Vergleich früheren Fertigstellung und der zu diesem Zeitpunkt nicht ausreichenden und somit nicht vergleichbaren Datenlage von der Analyse zurückgestellt.

2.2 Typ-II-Gebiete

Gegenüberstellend zu diesen drei Zielgebieten wurden weitere vier Untersuchungsräume hinzugenommen, deren Zentren *nicht entlang von Autobahnen* liegen, sondern die im Gegenteil sogar besonders weit von einer Autobahnverbindung in alle Richtungen entfernt sind. Auch hier wurden für den Vergleich der wirtschaftlichen Situation die außerhalb und somit nahe an Autobahnen gelegenen Kreise und kreisfreien Städte mit in die Betrachtung dieser Gebiete mit einbezogen. Bezeichnet wurden diese Gebiete hier als sogenannte „Zwischenräume", da es sich hier um Gebiete handelt, die zwischen dem Autobahnnetz bzw. an dessen Rand gelegen sind.

Im Einzelnen wurden also folgende Untersuchungsgebiete in die Analyse integriert und als „Typ-II-Gebiete" benannt:

a) Zwischenraum Kassel-Göttingen-Hannover-Bielefeld-Paderborn

Kreise mit guten Erreichbarkeitswerten:

Stadt Kassel
Kreise Lippe, Schaumburg, Hameln-Pyrmont, Kassel

Kreise mit schlechten Erreichbarkeitswerten:

Kreise Höxter, Holzminden

b) Zwischenraum Siegen- Gießen-Kassel

Kreise mit guten Erreichbarkeitswerten:

Kreise Schwalm-Eder-Kreis, Siegen-Wittgenstein, Hochsauerlandkreis, Vogelsbergkreis

Kreise mit schlechten Erreichbarkeitswerten:

Kreise Waldeck-Frankenberg, Marburg-Biedenkopf

c) Zwischenraum Schaffhausen-Lindau-Stuttgart-Ulm

Kreise mit guten Erreichbarkeitswerten:

Kreise Reutlingen, Tübingen, Donau-Alb-Kreis

Kreise mit schlechten Erreichbarkeitswerten:

Kreise Sigmaringen, Zollernalbkreis, Biberach, Ravensburg, Bodenseekreis, Konstanz

d) Zwischenraum Ulm-Augsburg-München-Nürnberg-Autobahnkreuz A6/A7

Kreise mit guten Erreichbarkeitswerten:

Kreise Roth, Ansbach, Eichstätt, Pfaffenhofen, Dachau, Augsburg, Heidenheim, Ostalbkreis

Kreise mit schlechten Erreichbarkeitswerten:

Kreise Weißenburg-Gunzenhausen, Donau-Ries, Dillingen a.d. Donau, Neuburg-Schrobenhausen, Aichach-Friedberg

Durch diese Unterteilung wird sowohl ein Vergleich zwischen Kreisen und kreisfreien Städten mit guter und schlechter Erreichbarkeit ermöglicht als auch die Frage, ob jene Untersuchungsgebiete, die in jüngerer Zeit eine neue Autobahnanbindung bekamen, nunmehr bereits einen deutlichen Fortschritt der regionalen wirtschaftlichen und demographischen Entwicklung gegenüber den weiter entfernt gelegenen Kreisen des selben Untersuchungsgebietes und gegenüber den in den Gebieten ohne neue Autobahnen untersuchten Kreisen vollzogen haben.

3. Indikatoren-Auswahl

Um eine möglichst breit angelegte Basis der Datenanalyse zu ermöglichen, wurde nach der Festlegung der einzelnen Gebiete eine Reihe von Indikatoren ausgewählt, die in den Bereichen der Demographie, der Arbeit und Beschäftigung, des

Wanderungs- und Pendelverhaltens, der wirtschaftlichen Leistung, der kommunalen Finanzsituation, der Baulandpreise und besonders der Erreichbarkeit eine großes Spektrum der möglichen Differenzierungen regionaler Entwicklung zulassen. Die statistische Analyse wurde allerdings stark erschwert durch die unterschiedliche Verwendung der Indikatoren. In den verwendeten Berichtsbänden des BBR[1] sind nicht alle Indikatoren jeweils für alle Jahrgänge vorhanden. Andere Indikatoren sind hinsichtlich ihrer Berechnung, der Untersuchungszeiträume und der verwendeten Bezugsgrößen nicht direkt in bezug zueinander zu stellen, weil sie sehr unterschiedlich verwendet worden sind. Die Umrechnung einiger Datenreihen von DM in Euro tut ihr Übriges zur Komplikation der Vergleichbarkeit der verschiedenen Berichts-Jahrgänge.

Die Gesamt-Liste der verwendeten Indikatoren stellt sich wie folgt dar:

Demographie: Bevölkerungsentwicklung, natürlicher Saldo, ges. Wanderungssaldo, Außenwanderungssaldo, Binnenwanderungssaldo, Arbeitsplatzwanderer, Einwohner-Dichte, Einwohner-Arbeitsplatzdichte

Arbeit und Beschäftigung: Beschäftigtenquote, Beschäftigtenentwicklung, Beschäftigte primärer, sekundärer und tertiärer Sektor, Beschäftigte in Dienstleistungsberufen, Beschäftigte mit geringer und hoher Qualifikation, Arbeitnehmerentgelte, Arbeitslosigkeit, Arbeitslosen-Quote und –entwicklung, Langzeitarbeitslosigkeit

Wanderungs- und Pendelverhalten: Einpendlerquote, Auspendlerquote, Pendlersaldo

Wirtschaftliche Leistung: Investitionen, Umsatz, Auslandsumsatz, BIP je Einwohner, BIP je Erwerbstätigem, BIP Entwicklung, Bruttowertschöpfung gesamt und Entwicklung,

Kommunale Finanzsituation: Gesamte Steuern (je Einwohner und Entwicklung), Einkommenssteuer (je Einwohner und Entwicklung), Gewerbesteuer (je Einwohner und Entwicklung)

Baulandpreise: Baulandpreise und –entwicklung

Erreichbarkeit: Erreichbarkeit des nächsten. Oberzentrums in Minuten, Erreichbarkeit des nächsten BAB-Anschlusses, Erreichbarkeit der nächsten Metropolregion, Erreichbarkeit aller europäischen Agglomerationsräume per Luft, Erreichbarkeit der nächsten drei Agglomerationen per Schiene, Erreichbarkeit der nächsten drei Agglomerationen per PKW, Erreichbarkeit des nächsten

---

[1] Aktuelle Daten zur Entwicklung der Städte, Kreise und Gemeinden, Jahrgänge 1989/90, 1999 und 2003

internationalen Verkehrs-Flughafens per PKW

Trotz der Schwierigkeiten hinsichtlich der Handhabung der Unterschiedlichkeit der Indikatoren ist jeweils für die einzelnen Berichte des BBR deutlich erkennbar, daß in etwa die gleichen Einzel-Faktoren der Regional-Entwicklung mit den jeweiligen Erreichbarkeits-Indikatoren (die auch in sich große Differenzen aufweisen) korrelieren. Insbesondere für die Bereiche der Einwohnerdichten, des Pendlerverhaltens, der Beschäftigtenentwicklung inkl. der Arbeitslosenquoten, die Verteilung der Beschäftigung auf die verschiedenen Wirtschaftssektoren sowie der Steuereinnahmen weisen neben den Baulandpreisen eine Korrelation mit den verschiedenen Erreichbarkeitswerten auf. Dennoch soll das Hauptaugenmerk der statistischen Auswertung in diesem Bericht auf der Betrachtung der wirtschaftlichen Kenndaten liegen. Eine Reihe von Indikatoren aus obiger Liste wurde aufgrund der nicht feststellbaren Korrelation mit den Erreichbarkeitsindikatoren und dem gleichzeitig fehlenden Zusammenhang mit der wirtschaftlichen Regional-Entwicklung nicht für die weitere Datenanalyse verwendet.

4. Datenanalyse

Zunächst soll der Fokus der statistischen Auswertung auf der Quantifizierung der Unterschiede in den Erreichbarkeiten liegen, um zu verdeutlichen, wie stark sich die Gebiete (nach der vorgenommenen Unterteilung) nach guten und schlechten Erreichbarkeitswerten unterscheiden. Daher werden die Gebiete mit und solche ohne neue Verkehrswege, wie zuvor in der Auflistung zu sehen, unterteilt Kreise und kreisfreie Städte mit guten und schlechten Erreichbarkeitswerten.

4.1 Erreichbarkeitsverhältnisse

Für das Jahr 1989 läßt sich bereits erkennen, daß die Kreise der Kategorie „mit schlechten Erreichbarkeitsverhältnissen“ in allen fünf aus diesem Berichtsband des BBR verwendeten Indikatoren signifikant schlechtere Werte der Erreichbarkeit aufweisen und dies sowohl in den Typ-I-Gebieten (Autobahnen im Zentrum des Untersuchungsgebietes) als auch in den Typ-II-Gebieten (Autobahnen am Rande des Untersuchungsgebietes) deutlich zu beobachten ist.

Erreichbarkeitsunterschiede der Typ-I-Gebiete 1989

Typ-I-Gebiete	BAB-Anschluß[2]	IC-Systembahnhof[3]	DB-KLV-Bahnhof[4]	Reisezeit Aggl. Eisenbahn[5]	Reisezeit Aggl. Individual[6]
Kreise mit guten Erreichbarkeitsverhältnissen	1,35%	88,04%	7,30%	70,39 Min.	73,91 Min.
	100,00%	100,00%	100,00%	100,00%	100,00%
Kreise mit schlechten Erreichbarkeitsverhältnissen	42,80%	94,53%	33,87%	104,53 Min.	115,73 Min.
	3175,48%	107,37%	463,65%	148,50%	156,58%
Bundesrepublik gesamt	6,00%	50,00%	11,00%	78,00 Min.	84,00 Min.
	445,16%	56,79%	150,60%	110,81%	113,65%

Erreichbarkeitsunterschiede der Typ-II-Gebiete 1989

Typ-II-Gebiete	BAB-Anschluß[2]	IC-Systembahnhof[3]	DB-KLV-Bahnhof[4]	Reisezeit Aggl. Eisenbahn[5]	Reisezeit Aggl. Individual[6]
Kreise mit guten Erreichbarkeitsverhältnissen	5,40%	77,60%	8,15%	60,00 Min.	68,10 Min.
	100,00%	100,00%	100,00%	100,00%	100,00%
Kreise mit schlechten Erreichbarkeitsverhältnissen	39,53%	91,93%	43,93%	92,20 Min.	103,27 Min.
	732,10%	118,47%	539,06%	153,67%	151,64%
Bundesrepublik gesamt	6,00%	50,00%	11,00%	78,00 Min.	84,00 Min.
	111,11%	64,43%	134,97%	130,00%	123,35%

Es zeigt sich, daß in beiden Gebietstypen die Erreichbarkeitsunterschiede sehr deutlich sind. Hinsichtlich der Nähe zum BAB-Anschluß haben in den Kreisen mit guter Erreichbarkeit nur 1-5 % der Bevölkerung noch eine längere Anfahrt zu überregionalen Verkehrsverbindungen, während in Kreisen mit schlechter Erreichbarkeit jeweils etwa 40% eine größere Fahrzeit für einen Zugang zu solchen Verkehrswegen in Kauf nehmen müssen. Bei der Erreichbarkeit der Zentren des überregionalen Schienenverkehrs, sei es des Personen- oder Güterverkehrs, wird ebenfalls ein Unterschied deutlich. Ist die Erreichbarkeit des nächsten IC-Systembahnhofs auch für die Kreise mit schlechter Erreichbarkeit verhältnismäßig etwa genauso ungünstig im Vergleich zu den Werten der Kreise mit guter Erreichbarkeit (über 90 Prozent müssen hier eine längere Anfahrt zu solchen Personenverkehr-Zentren in Kauf nehmen, bei guten Erreichbarkeiten sind diese aber auch immer noch 78 und 88%), ist der Zugang zu Frachtzentren des Schienenverkehrs in Kreis mit schlechter Erreichbarkeit doch deutlich erschwert. Bei guter Erreichbarkeit muß nur bei 7-8% der sv.-pflichtig Beschäftigten eine Fahrtstrecke von über 45 Minuten vermutet werden, während bei schlechter Erreichbarkeit 34 und 44 Prozent eine solch weite Anfahrt hinnehmen müssen. Damit zeigt sich bereits, daß Firmen, die auf den Transport ihrer Waren per Bahn-Güter-

---

[2] Anteil der Einwohner, die mit dem PKW mehr als 30 Minuten vom nächsten BAB-Anschluß entfernt sind

[3] Anteil der Einwohner, die mit dem PKW mehr als 30 Minuten vom nächsten IC-Systembahnhof entfernt sind

[4] Anteil der sozialversicherungspflichtig Beschäftigten im produzierenden Gewerbe, die mehr als 45 Minuten von einem DB-Bahnhof des kombinierten Ladungsverkehrs entfernt sind

[5] Die Reisezeit in Minuten zu großen Agglomerationen per Eisenbahnverkehr

[6] Die Reisezeit in Minuten zu großen Agglomerationen per Individualverkehr

Verkehr angewiesen sind, bei der Standortwahl abseits von Autobahnen auch eine weitaus längere Anfahrt zu Frachtzentren des Schienenverkehrs in Kauf nehmen müssen, was natürlich sowohl in monetärer Sicht als auch von Zeit und Aufwand her ein klarer Standortnachteil ist.
Betrachtet man die Reisezeit zu den Agglomerationen per Eisenbahn- und Individualverkehr, so zeigt sich in beiden Gebietstypen (Typ I und II), daß Kreise mit schlechten Erreichbarkeitswerten bei beiden Reisearten eine etwa 50% längere Reisezeit gegenüber den Kreisen mit guter Erreichbarkeit zu verzeichnen haben. Auch dies ist natürlich ein gravierender Nachteil für Firmenstandorte in den Kreisen mit schlechter Erreichbarkeit, da die Wege der Firmen zum Kunden bzw. umgekehrt der Zugang der Kunden zu den einzelnen Firmen natürlich deutlich verlängert wird, was das Einzugsgebiet und Kunden-Potential möglicherweise deutlich verringert.
Im Vergleich der beiden Kategorien zum Bundesdurchschnitt zeigt sich, daß sich diese Zahlen zumeist zwischen guten und schlechtern Erreichbarkeitswerten positionieren. Lediglich im Zugang zum IC-Systembahnhof sind im Bundesdurchschnitt deutlich bessere Werte zu beobachten, nur (im Vergleich) die Hälfte der Einwohner Deutschlands muß eine längere Anfahrt als 30 Minuten zum überregionalen Schienen-Personen-Verkehr in Kauf nehmen.
Auch im zweiten betrachteten Jahr 2003 ergeben sich zwischen Kreisen mit guten und schlechten Erreichbarkeiten signifikante Unterschiede. Hier sind ebenfalls für alle drei zur Analyse verwendeten Indikatoren die Kreise der schlechten Erreichbarkeit deutliche längere Fahrzeiten zum nächsten Oberzentrum, zum nächsten BAB-Anschluß und zur nächsten Metropolregion zu verzeichnen.

Erreichbarkeitsunterschiede der Typ-I-Gebiete 2003

Typ-I-Gebiete	**Erreichb. OZ**[7]	**Erreichb. BAB-Anschluß**[8]	**Erreichb. Metropolregion**[9]
Kreise mit guten Erreichbarkeitsverhältnissen	18,24	10,64	79,72
	100,00%	100,00%	100,00%
Kreise mit schlechten Erreichbarkeitsverhältnissen	46,50 Min.	11,25 Min.	102,25 Min.
	224,10%	160,71%	233,71%
Bundesrepublik gesamt	33 Min.	16 Min.	85 Min.
	159,04%	228,57%	194,29%

Erreichbarkeitsunterschiede der Typ-II-Gebiete 2003

Typ-II-Gebiete	**Erreichb. OZ**[7]	**Erreichb. BAB-Anschluß**[8]	**Erreichb. Metropolregion**[9]
Kreise mit guten Erreichbarkeitsverhältnissen	28,40	15,55	74,60
	100,00%	100,00%	100,00%
Kreise mit schlechten Erreichbarkeitsverhältnissen	34,94	19,06	121,47
	191,56%	179,12%	152,37%
Bundesrepublik gesamt	33	16	85
	180,92%	150,38%	106,62%

[7] durchschnittliche Fahrzeit zum nächsten Oberzentrum in Minuten per PKW
[8] durchschnittliche Fahrzeit zum nächsten BAB-Anschluß in Minuten per PKW
[9] Fahrzeit vom Hauptort des Kreises zur fahrzeitnächsten Metropolregion im öffentlichen Verkehr in Minuten

Die Kreise mit schlechter Erreichbarkeit weisen im Durchschnitt der Indikatoren eine ~80-133% längere Fahrzeit zu den Oberzentren und Metropolregionen auf, und in der Erreichbarkeit des nächstgelegenen BAB-Anschlusses ist die Fahrzeit in den schlecht gelegenen Regionen um etwa 60- 80% höher als in den gut erreichbaren. Dies macht jedoch in der Summe der Fahrzeit nur einen Unterschied von bis zu 9 Minuten aus, so daß diese prozentual hoch wirkende Differenz hier nur abgeschwächt bewertet werden sollte. Dennoch ergeben sich in allen drei Kategorien, insbesondere in der Fahrzeit zur nächsten Metropolregion mit öffentlichen Verkehrsmitteln deutliche Unterschiede, so daß die peripher gelegenen Regionen auf den Individualverkehr angewiesen sind oder ein deutlich höherer zeitlicher Aufwand vollzogen werden muß, um diese überregional bedeutsame Zentren und deren funktionale Ausstattung nutzen zu können.

Im Vergleich mit dem Bundesdurchschnitt zeigt sich auch hier in nahezu allen Fällen eine Einordnung der Werte zwischen guter und schlechter Erreichbarkeit.

Leider sind die Erreichbarkeits-Indikatoren der beiden Berichtsjahrgänge des BBR[10] sehr unterschiedlich in ihrer Ausprägung und Berechnung, so daß ein direkter Vergleich schwer fällt, der verdeutlichen könnte, ob und in welcher Weise die schlecht erreichbaren Kreise und kreisfreien Städte ihre Defizite gegenüber den gut erreichbaren reduzieren und/oder beseitigen konnten. Andeutungsweise seien dennoch einige Anmerkungen zulässig. Im Anschluß der Kreise an die nächsten BAB-Anschlüsse ist zu sehen, daß im Vergleich von 1989 und 2003 die Erreichbarkeiten offenbar grundlegend verbessert worden sind. Während die Kreise mit guter Erreichbarkeit 2003 im Durchschnitt sehr deutlich unter der 1989 verwendeten 30-Minuten-Grenze zur Erreichbarkeit des Autobahn-Anschlusses liegen (auch 1989 hatten nur maximal 5% der gut erreichbaren Kreise eine längere Fahrzeit zu überwinden), liegt der Mittelwert der schlecht erreichbaren Kreise hier nunmehr ebenfalls mit 11 und 19 Minuten signifikant unterhalb der Fahrzeit der halben Stunde, so daß vermutet werden darf, daß das Autobahnnetz bzw. das Geflecht der Bundesstraßen und weiterer gut ausgebauter Verkehrswege sich im Zeitraum zwischen 1989 und 2003 deutlich verbessert hat. Hier ist also anzunehmen, daß sich der Zugang zu Bundesautobahnen auch der Kreise und kreisfreien Städte mit schlechter Erreichbarkeit im Verhältnis gebessert hat, so daß diese mit einer im Durchschnitt leicht günstigeren überregionalen Verkehrsanbindung ausgestattet sein sollten.

Die Erreichbarkeit der Agglomerationen im Jahr 1989 mit der Erreichbarkeit der Metropolregionen im Jahr 2003 zu vergleichen, ist nur unter strenger Beachtung der unterschiedlichen Berechungsgrundlage und Definition der Zielgebiete zulässig. Es zeigt sich, daß hier die Kreise mit schlechter Erreichbarkeit sowohl in den Typ-I-Gebieten als auch im Typ-II deutliche längere Fahrzeiten aufweisen als die Kreise mit guter Erreichbarkeit. Zu bemerken ist ebenfalls, daß der zeitliche Unterschied zwischen beiden sich aber offenbar im Jahrzehnt zwischen den Beobachtungsjahren leicht abgeschwächt hat.

Im Ganzen ist also zu beobachten, daß in den zur statistischen Analyse ausgewählten Gebieten die Erreichbarkeitswerte zu den verschiedensten Zielen, insbesondere aber die Anbindung an das überregionale Autobahnnetz, die Kreise mit guter und schlechter Erreichbarkeit signifikant voneinander abgrenzen. Im Folgenden soll nun also dargestellt werden, mit welchen anderen demographischen und wirtschaftlichen Indikatoren diese Erreichbarkeitsverhältnisse korrelieren, welche Indikatoren also Regionen mit guter und schlechter Erreichbarkeit zuzuordnen sind.

[10] Wie bereits erwähnt, handelt es sich hier um die Berichte „Aktuelle Daten zur Entwicklung der Städte, Kreise und Gemeinden“.

4.2 Wirtschaftliche Leistung

Zunächst soll bei der der Datenanalyse die wirtschaftliche Leistungsfähigkeit eingegangen werden. Auch hier ist allerdings bei den meisten Indikatoren eine Vergleichbarkeit der Indikatoren nicht zwangsläufig möglich, da im Bericht des Jahres 1989 die Angaben zu Investitionen, Umsatz und Auslandsumsatz noch nicht vorhanden sind, ebenso wie die Berechnung zum Bruttoinlandsprodukt (BIP). Vergleichbar sind hinsichtlich der Zeitreihe in etwa die Angaben zur Bruttowertschöpfung, die aufgrund anderer Berechnungsgrundlagen aber ebenfalls nicht in direkter Vergleichbarkeit zu den Daten des Jahres 2003 stehen können.

4.2.1 Bruttoinlandsprodukt

Wirtschaftliche Unterschiede der Typ-I-Gebiete 2003

Typ-I-Gebiete	BIP je E 2000 in 1000€	BIP je Erwerbstätigem 2000 in 1000€	BIP-Entwicklung 1994-2000
Kreise mit guten Erreichbarkeitsverhältnissen	24,94	49,72	19,28
	100,00%	100,00%	100,00%
Kreise mit schlechten Erreichbarkeitsverhältnissen	22,68	48,14	15,78
	90,96%	96,83%	81,84%
Bundesrepublik gesamt	24,6	52,3	16,7
	98,65%	105,20%	86,60%

Wirtschaftliche Unterschiede der Typ-II-Gebiete 2003

Typ-II-Gebiete	BIP je E 2000 in 1000€	BIP je Erwerbstätigem 2000 in 1000€	BIP-Entwicklung 1994-2000
Kreise mit guten Erreichbarkeitsverhältnissen	21,52	52,00	18,40
	100,00%	100,00%	100,00%
Kreise mit schlechten Erreichbarkeitsverhältnissen	22,64	51,19	16,55
	105,23%	98,46%	89,95%
Bundesrepublik gesamt	24,6	52,3	16,7
	114,34%	100,59%	90,79%

Bei diesen ersten Vergleichswerten zeigt sich, daß das Bruttoinlandsprodukt je Einwohner (BIP/E) in Gebieten mit schlechter Erreichbarkeit sich sowohl über als auch unter dem Niveau der Kreise mit guter Erreichbarkeit befinden kann. Bei der Korrelationsanalyse der Erreichbarkeitsindikatoren mit den jeweiligen BIP-Indikatoren konnten für die einzelnen Teilgebiete sowohl negative als auch positive mittlere und hohe Korrelationen festgestellt werden. Hier ist offensichtlich eine Verbindung in beide Richtungen möglich, sei es, daß gute Erreichbarkeit mit hohen BIP-Werten zusammenfällt oder auch, daß schlechte Erreichbarkeitswerte in Zusammenhang mit positiven BIP-Daten in Zusammenhang stehen. Deshalb kann hier nicht davon ausgegangen werden, daß eine gute Erreichbarkeit zwangsläufig auch positive

Einwirkungen auf die BIP/Einwohner- und BIP/Erwerbstätigen-Zahlen hat bzw. das Bruttoinlandsprodukt zwangsläufig von guten Erreichbarkeitsverhältnissen abhängt. Betrachtet man die Entwicklung des Bruttoinlandsproduktes, so fällt auf, daß hier offensichtlich eine signifikante Abweichung der zwischen der Entwicklung der Kreise und kreisfreien Städte mit guter und schlechter Erreichbarkeit vorherrscht. Die BIP-Werte der Kreise mit schlechter Erreichbarkeit sind im Beobachtungszeitraum (1994-2000) etwa um 10-20 Prozent geringer angestiegen als in den Kreisen mit guten Erreichbarkeitswerten. Sollte man lediglich aufgrund dieser Werte auf eine unterschiedliche wirtschaftliche Entwicklung schließen, so ergibt sich, daß es Kreisen, die über gute Erreichbarkeitsverhältnisse verfügen, offenbar besser gelingt, ihr Bruttoinlandsprodukt zu erhöhen.

4.2.2 Investitionen, Umsatz und Auslandsumsatz

Zwecks einer genaueren Analyse sollen jedoch noch weitere Indikatoren wirtschaftlicher Leistungsfähigkeit untersucht werden zunächst die Investitionen, der Umsatz und der Auslandsumsatz, jeweils pro Beschäftigtem, in Industrie-Betrieben.

Wirtschaftliche Unterschiede der Typ-I-Gebiete 2003

Typ-I-Gebiete	Investitionen / Beschäftigtem 99/00 in 1000€[11]	Umsatz / Beschäftigtem 99/00 in 1000€[11]	Auslands-Umsatz / Beschäftigtem 99/00 in 1000€[11]
Kreise mit guten Erreichbarkeitsverhältnissen	6,36	175,91	53,08
	100,00%	100,00%	100,00%
Kreise mit schlechten Erreichbarkeitsverhältnissen	6,34	155,93	47,59
	99,55%	88,64%	89,65%
Bundesrepublik gesamt	7,7	193,6	65,1
	120,99%	110,06%	122,65%

Wirtschaftliche Unterschiede der Typ-II-Gebiete 2003

Typ-II-Gebiete	Investitionen / Beschäftigtem in 1000€	Umsatz / Beschäftigtem in 1000€	Auslands-Umsatz / Beschäftigtem in 1000€
Kreise mit guten Erreichbarkeitsverhältnissen	6,53	177,68	44,74
	100,00%	100,00%	100,00%
Kreise mit schlechten Erreichbarkeitsverhältnissen	6,53	155,54	46,23
	100,05%	87,54%	103,33%
Bundesrepublik gesamt	7,7	193,6	65,1
	117,92%	108,96%	145,51%

Auch hier ist die ermittelte Datenlage erneut schwierig zu bewerten. Betrachtet man zunächst die Investitionen / Beschäftigtem, so zeigt sich, daß die Motivation zu und die Menge der Investitionen in Gebieten mit schlechten Erreichbarkeitswerten offenbar nicht geringer ist als in solchen mit guten Erreichbarkeitswerten.

[11] jeweils ermittelt für die Betriebe des produzierenden Gewerbes

Betrachtet man den Umsatz pro Beschäftigtem, so fällt allerdings auf, daß Firmen, die in Gebieten mit schlechterer Erreichbarkeit ihren Standort haben, offenbar in der Summe geringere Umsätze tätigen als solche, die gute Erreichbarkeiten aufzuweisen haben. Diese Tatsache ist tendenziell als Indiz dafür zu werten, daß das Kundenpotential und Einzugsgebiet der Firmen mit geringer Entfernung zu überregionalen Verkehrswegen schlicht umfangreicher und größer ist und darum potentiell auch größere Umsätze ermöglicht.
Der dritte Indikator „Auslandsumsatz“ läßt sich ebenfalls nicht einfach beurteilen. Es zeigt sich, daß das Niveau der Kreise mit schlechter Erreichbarkeit in Typ-I- und Typ-II-Gebieten relativ gleich ist. Das Niveau der Kreise mit guter Erreichbarkeit jedoch ist einmal auf der Höhe der schlecht erreichbaren Kreise, kann jedoch auch etwa 10% über dieser liegen. Eine mögliche Interpretation wäre hier, daß es Kreisen mit guten Erreichbarkeitsindikatoren zwar möglich ist, den Auslandsumsatz höher zu gestalten als bei Kreisen mit schlechter Erreichbarkeit, daß aber ebenso eine Ausrichtung einer Industrieregion auf die Belieferung des nationalen Marktes mit den Haupterzeugnissen möglich ist und darum sich die Höhe des Umsatzes zwar wie beobachtet unterscheidet, aber der Auslandsumsatz aufgrund der Konzentration auf den nationalen statt internationalen Markt hier keine signifikanten Unterschiede zu den Kreisen mit schlechter Erreichbarkeit aufweist. Das Potential zu vergleichsweise hohen Umsätzen scheint aber vorhanden.

4.2.3 Bruttowertschöpfung

Als abschließender Indikator zum Vergleich wirtschaftlicher Leistung soll nun noch die Bruttowertschöpfung und deren Entwicklung aufgeführt werden. Wie bereits zuvor erwähnt, ist dies im Bereich der Indikatorengruppe „Wirtschaftliche Leistung“ der einzige Wert, die auch im Berichtsband des Jahres 1989 bereits vorhanden ist, wenngleich auch mit anderer Bezugsgröße. Bei den Berichten des Jahres 1989 wird die Bruttowertschöpfung in Relation zu den Einwohnerzahlen gestellt, während im Jahr 2003 die Erwerbstätigen die Gruppe sind, die zu der Bruttowertschöpfung in Abhängigkeit gestellt werden werden (BWS je Einwohner). Auch beim Vergleich der Entwicklung muß beachtet werden, daß es sich im ersten Fall (1989) um einen 5-Jahres-Zyklus handelt, während im Bericht des Jahres 2003 der Zeitraum von 1994-2000, also eine siebenjährige Periode, angegeben wird.

Wirtschaftliche Unterschiede der Typ-I-Gebiete 1989

Typ-I-Gebiete 1989	BWS je Einwohner 1988 in DM	Entwicklung des BWS 1984-88
Kreise mit guten Erreichbarkeitsverhältnissen	32299,35	25,20
	100,00%	100,00%
Kreise mit schlechten Erreichbarkeitsverhältnissen	26345,33	20,45
	81,57%	81,12%
Bundesrepublik gesamt	33150,00	19,90
	102,63%	78,95%

Wirtschaftliche Unterschiede der Typ-II-Gebiete 1989

Typ-II-Gebiete 1989	BWS je Einwohner 1988 in DM	Entwicklung des BWS 1984-88
Kreise mit guten Erreichbarkeitsverhältnissen	27096,90	22,27
	100,00%	100,00%
Kreise mit schlechten Erreichbarkeitsverhältnissen	27332,47	22,07
	100,87%	99,14%
Bundesrepublik gesamt	33150,00	19,90
	122,34%	89,38%

Es zeigt sich beim Vergleich der Daten von 1989, daß in den Typ-I-Gebieten die Kreise mit schlechter Erreichbarkeit nur etwa 80% der Werte von BWS und dessen Entwicklung im Vergleich zu den Kreisen mit guter Erreichbarkeit aufweisen. In den Typ-II-Gebieten sind die Werte von BWS und der Entwicklung dagegen nahezu identisch. Vergleicht man nicht die prozentualen, sondern die absoluten Werte, so zeigt sich auch hier, daß höhere Bruttowertschöpfungen je Einwohner durchaus erreichbar sind (was auch im Bundesdurchschnitt deutlich zu erkennen ist), das dies aber ebenfalls kein „Muß“ ist. Also kann auch hier die Vermutung angestellt werden, daß die Bruttowertschöpfung zwar mit einer guten Erreichbarkeit zusammenfallen kann, aber eine gute Erreichbarkeit nicht zwangsläufig auch eine vergleichsweise hohe Bruttowertschöpfung zur Folge haben muß oder das überhaupt gute oder schlechte Erreichbarkeitswerte mit der Bruttowertschöpfung in irgendeiner Weise korrelieren.

Wirtschaftliche Unterschiede der Typ-I-Gebiete 2003

Typ-I-Gebiete 2003	BWS je Erwerbstätigem 2000 in 1000€	Entwicklung des BWS 1994-2000
Kreise mit guten Erreichbarkeitsverhältnissen	44,86	18,46
	100,00%	100,00%
Kreise mit schlechten Erreichbarkeitsverhältnissen	44,91	14,88
	100,10%	80,60%
Bundesrepublik gesamt	48,7	16
	108,56%	86,66%

Wirtschaftliche Unterschiede der Typ-II-Gebiete 2003

Typ-II-Gebiete 2003	BWS je Erwerbstätigem 2000 in 1000€	Entwicklung des BWS 1994-2000
Kreise mit guten Erreichbarkeitsverhältnissen	48,40	17,69
	100,00%	100,00%
Kreise mit schlechten Erreichbarkeitsverhältnissen	47,67	15,81
	98,48%	89,42%
Bundesrepublik gesamt	48,7	16
	100,62%	90,47%

Auch beim Vergleich der Daten des Jahres 2003 bestätigt sich die Vermutung, die bei der Betrachtung der Werte aus 1989 getroffen wurde. Die Bruttowertschöpfung (in diesem Fall bezogen auf die Zahl der Erwerbstätigen) ist in den Kreisen mit guter

und schlechter Erreichbarkeit auf ähnlichem Niveau. Lediglich die Entwicklung der BWS im 7-Jahres-Zeitraum ist in den Kreisen mit schlechter Erreichbarkeit um 10 bis 20% geringer ausgefallen.
Stellt man beide Berichtsjahrgänge in einen Zusammenhang, so läßt sich insgesamt sagen, daß die Bruttowertschöpfung mit der Erreichbarkeit nicht zwangsläufig in Korrelation zu stehen scheint, jedoch möglicherweise sich in der Entwicklung des BWS ablesen läßt, daß es Kreisen mit guter Erreichbarkeit offenbar in stärkerem Maße gelingt, ihre Bruttowertschöpfung zu steigern.

4.3 Arbeit und Beschäftigung

Nachdem nun in einem ersten Schritt die Frage der wirtschaftlichen Leistung angesprochen wurde, soll nun auf die einzelnen Elemente von Arbeit und Beschäftigung näher eingegangen werden.
Zunächst sollen dabei die möglichen Unterschiede der Höhe und Entwicklung der Beschäftigung größere Aufmerksamkeit erfahren.

4.3.1 Beschäftigtenquote und -entwicklung

Arbeit und Beschäftigung 1989

Typ-I-Gebiete	Beschäftigtenquote Besch./Einw. *100 1989
Kreise mit guten Erreichbarkeitsverhältnissen	50,70%
	100,00%
Kreise mit schlechten Erreichbarkeitsverhältnissen	47,35%
	93,39%
Bundesrepublik gesamt	55,20%
	108,89%

Arbeit und Beschäftigung 1989

Typ-II-Gebiete	Beschäftigtenquote Besch./Einw. *100 1989
Kreise mit guten Erreichbarkeitsverhältnissen	41,70%
	100,00%
Kreise mit schlechten Erreichbarkeitsverhältnissen	45,37%
	108,82%
Bundesrepublik gesamt	55,20%
	132,39%

Es zeigt sich zunächst bei der Betrachtung dieser beiden Tabellen, daß offenbar alle ausgesuchten Gebiete in Typ-I und Typ-II mit 41-50% Beschäftigtenquote deutlich unter dem für 1989 ermittelten Bundesdurchschnitt von 55% liegen. Vermutet wird hier, daß die ausgewählten Beispiel-Regionen eine niedrigere Beschäftigungsquote aufweisen, da hauptsächlich nicht-urbane oder nicht-metropolitane Regionen zur Beobachtung ausgewählt wurden. In den größeren Agglomerationen ist die Beschäftigungsquote schlicht höher. Da aber nur einige kleine und mittlere Städte in

die Betrachtung mit einbezogen wurden, fällt die Quote hier offenbar geringer aus. Ebenso sollte der hohe Wert der Beschäftigtenquote in Relation zu den zu diesem Zeitpunkt noch bestehenden Beschäftigungsstrukturen der ehemaligen DDR, also den gerade hinzugekommenen neuen Bundesländern, gesehen werden.
Es zeigt sich ebenfalls, daß die Kreise mit schlechter Erreichbarkeit in den Typ-I-Gebieten eine geringere Beschäftigungsquote haben, in den Typ-II-Gebieten dagegen eine höhere. Die Vermutung liegt also auch hier nahe, daß die Beschäftigungsquote nicht zwangsläufig in Zusammenhang mit der Erreichbarkeit stehen muß. Zeitreihen über eine Entwicklung der Arbeitslosigkeit liegen für diesen Berichtsband leider noch nicht vor.

Arbeit und Beschäftigung 1999

Typ-I-Gebiete	Beschäftigtenquote Besch./Einw.*100 1998	Entwicklung 1990-98
Kreise mit guten Erreichbarkeitsverhältnissen	32,77%	4,20%
	100,00%	100,00%
Kreise mit schlechten Erreichbarkeitsverhältnissen	31,54%	-0,44%
	96,24%	-10,35%
Bundesrepublik gesamt	33,2%	-11,9%
	101,32%	-283,06%

Es zeigt sich bei der Betrachtung ein deutlicher Trend. Während insgesamt der Bundesdurchschnitt im Betrachtungszeitraum deutlich zurückgegangen ist (-11,9%), und die Kreise mit schlechter Erreichbarkeit dieser Entwicklung, wenn auch stark abgeschwächt durch eine nur leicht negative Entwicklung, folgen, konnten die Kreise mit guten Erreichbarkeitswerten ihre Beschäftigungsquote im gleichen Zeitraum in respektabler Weise steigern. Die negative Entwicklung in der gesamten Bundesrepublik ist im Wesentlichen sicherlich durch das Hinzukommen der neuen Bundesländer und der damit verbundenen komplexen Strukturveränderungen innerhalb der Bundesrepublik zu erklären, wenngleich auch die Entwicklung der alten Bundesländer im gleichen Zeitraum (1990-1998) um 1,2% rückläufig gewesen ist.

Arbeit und Beschäftigung 2003

Typ-II-Gebiete	Beschäftigtenquote Besch./Einw. 15-<65 Jahre *100 2001	Entwicklung 1995-2001
Kreise mit guten Erreichbarkeitsverhältnissen	42,97%	2,63%
	100,00%	100,00%
Kreise mit schlechten Erreichbarkeitsverhältnissen	45,87%	-0,04%
	106,74%	-1,52%
Bundesrepublik gesamt	49,9%	-1,1%
	116,13%	-41,90%

Zu beachten ist für das Berichts-Jahr 2003 zunächst, daß zwischen den Daten der Berichte 1999 und 2003 keine direkte Vergleichbarkeit herzustellen ist, da die Gesamtzahl der Beschäftigten nun nicht mehr auf die gesamte Einwohnerzahl, sondern auf die Zahl der Einwohner von 15 bis <65 Jahre errechnet wird. Die damit

wesentlich höher liegenden Werte sind also keinesfalls Ursache eines gigantischen Zuwachses der Beschäftigung, sondern schlicht auf eine andere Bemessungsgrundlage zurückzuführen.
Im gesamten Vergleich der Daten aus den drei hier verwendeten Jahrgängen läßt sich, soweit möglich, sagen, daß die Untersuchungsgebiete generell niedrigere Beschäftigungsquoten aufweisen als dies im Bundesdurchschnitt zu beobachten war, unabhängig von der Frage der Erreichbarkeit. Betrachtet man jedoch die Entwicklung der Beschäftigungsquote für die Jahre 1999 und 2003, so zeigt sich, daß sowohl im Bundesdurchschnitt als auch in den Kreisen mit schlechten Erreichbarkeitsverhältnissen die Beschäftigtenquote abgenommen hat. Im Gegensatz ist jedoch bei den Kreisen mit guter Erreichbarkeit ein gegenläufiger Trend zu beobachten, hier ist die Erwerbsquote zunehmend. Wenn man zwischen beiden Variablen (Erreichbarkeit und Beschäftigungsquote) eine Korrelation vermuten möchte, so ließe sich annehmen, daß es Kreisen, die über gute Erreichbarkeitsverhältnisse verfügen, in höherem Maße gelingt, ihre Beschäftigtenzahl konstant zu halten bzw. zu steigern, da die Firmen über bessere Standortbedingungen verfügen und somit der bereits angesprochene bessere und schnellere Kundenkontakt angeboten werden kann, der in der Folge möglicherweise in dem einen oder anderen Fall zu einer Steigerung der Auftragslage und damit der Beschäftigung führen kann. Die Summe der Konjunktive in diesem Absatz weist bereits darauf hin, daß lediglich ein Zusammenhang vermutet wird, dieser allein auf der Basis der hier verwendeten Indikatoren jedoch nicht zu verifizieren ist.

Nun sollte zur Bestätigung dieser Vermutungen untersucht werden, wie sich die verschiedenen Gebiete an die Umstrukturierung des Arbeitsmarktes, also der Abkehr vom primären und teilweise auch vom sekundären Arbeitsmarkt-Sektor und der Etablierung des tertiären Sektors als stärkstes Segment, angepaßt haben, in wie weit also die Kreise mit guter und schlechter Erreichbarkeit sich möglicherweise unterschieden lassen in bezug auf die Modernisierung der lokalen Arbeitsmarkt-Strukturen.

4.3.2 Beschäftigtenstruktur nach Sektoren

Beschäftigte nach Sektoren 1989

Typ-I-Gebiete	Besch. primärer Sektor 1989	Besch. sekundärer Sektor 1989	Besch. tertiärer Sektor 1989
Kreise mit guten Erreichbarkeitsverhältnissen	1,46%	56,31%	42,23%
	100,00%	100,00%	100,00%
Kreise mit schlechten Erreichbarkeitsverhältnissen	1,37%	59,15%	39,47%
	93,55%	105,05%	93,47%
Bundesrepublik gesamt	3,80%	46,80%	49,50%
	260,12%	83,11%	117,21%

Beschäftigte nach Sektoren 1989

Typ-II-Gebiete	Besch. primärer Sektor 1989	Besch. sekundärer Sektor 1989	Besch. tertiärer Sektor 1989
Kreise mit guten Erreichbarkeitsverhältnissen	1,46%	55,39%	43,16%
	100,00%	100,00%	100,00%
Kreise mit schlechten Erreichbarkeitsverhältnissen	1,63%	58,15%	40,20%
	112,26%	105,00%	93,14%
Bundesrepublik gesamt	3,80%	46,80%	49,50%
	261,17%	84,50%	114,69%

Beschäftigte nach Sektoren 1999

Typ-I-Gebiete	Besch. primärer Sektor 1998	Besch. sekundärer Sektor 1998	Besch. tertiärer Sektor 1998
Kreise mit guten Erreichbarkeitsverhältnissen	1,21%	48,10%	50,68%
	100,00%	100,00%	100,00%
Kreise mit schlechten Erreichbarkeitsverhältnissen	1,16%	51,05%	47,82%
	95,72%	106,12%	94,35%
Bundesrepublik gesamt	1,2%	35%	63,7%
	99,34%	72,76%	125,69%

Beschäftigte nach Sektoren 2003

Typ-II-Gebiete	Besch. primäre r Sektor 2001	Besch. sekundärer Sektor 2001	Besch. tertiärer Sektor 2001
Kreise mit guten Erreichbarkeitsverhältnissen	0,99%	44,52%	54,50%
	100,00%	100,00%	100,00%
Kreise mit schlechten Erreichbarkeitsverhältnissen	1,16%	47,96%	50,87%
	117,77%	107,73%	93,33%
Bundesrepublik gesamt	1,2%	35%	63,7%
	121,83%	78,62%	116,88%

Betrachtet man die Tabellen aus den der Berichtsjahrgängen, so läßt sich zunächst über den primären Sektor nur begrenzt eine Aussage treffen. Alle ermittelten Werte variieren auf einem geringen und relativ ähnlichen Niveau, so daß den eher unterschiedlichen Prozentzahlen hier nur eine geringe Bedeutung zugesprochen werden kann. Eine Unterscheidung von Gebieten mit guter und schlechter Erreichbarkeit macht hier wenig Sinn.
Anders verhält es sich im sekundären und tertiären Arbeitsmarkt-Sektor. Es ist zu konstatieren, daß in den Kreisen mit schlechter Erreichbarkeit der sekundäre Sektor eine noch vergleichsweise stärkere Bedeutung hat, der tertiäre Sektor dagegen eine etwas geringer Anteile als in den Kreisen mit guter Erreichbarkeit. Offenbar gelingt es in den Gebieten mit guter Erreichbarkeit besser und auch schneller, die Transformation des Arbeitsmarktes hin zur Ausrichtung auf den tertiären Sektor zu

vollziehen. Hier läßt sich also vermuten, daß die Kreise mit schlechter Erreichbarkeit noch in etwas stärkerem Maße auf Betriebe des sekundären Sektors angewiesen sind, während in Kreisen mit guter Erreichbarkeit von überregionalen Verkehrsverbindungen und Zentren die Ansiedlung von auf den tertiären Sektor fokussierten Unternehmen oder aber die Umstrukturierung und Neuausrichtung von bereits ansässigen Unternehmen erfolgreicher verläuft. Darum soll die Quote der Dienstleistungsberufe und deren Entwicklung hier noch einmal genauer untersucht werden, da diese die Beschäftigten im Berufsbereich V quantifizieren und in den Berichtsbänden des BBR als Indikator für „moderne Tätigkeitsstrukturen" aufgeführt werden.

Moderne Beschäftigungsstrukturen 1999

Typ-I-Gebiete	Anteil der Beschäftigten in DL-Berufen 1998	Entwicklung 1990-98
Kreise mit guten Erreichbarkeitsverhältnissen	53,09%	16,25%
	100,00%	100,00%
Kreise mit schlechten Erreichbarkeitsverhältnissen	52,10%	12,12%
	98,14%	74,59%
Bundesrepublik gesamt	61,3%	4,8%
	115,47%	29,54%

Moderne Beschäftigungsstrukturen 2003

Typ-II-Gebiete	Anteil der Beschäftigten in DL-Berufen 2001	Entwicklung 1995-2001
Kreise mit guten Erreichbarkeitsverhältnissen	56,03%	8,53%
	100,00%	100,00%
Kreise mit schlechten Erreichbarkeitsverhältnissen	54,29%	5,59%
	96,89%	65,49%
Bundesrepublik gesamt	61,3%	4,8%
	109,41%	56,27%

Hier scheint sich die zuvor getätigte Annahme zu konkretisieren, denn es ist erkennbar, daß die Anteile der in Dienstleistungs-Berufen Beschäftigten leicht geringer ist in den Kreisen mit schlechten Erreichbarkeitswerten. Auch der Vergleich der Entwicklung in beiden Tabellen zeigt deutlich, daß den Kreisen mit guten Erreichbarkeitsverhältnissen offenbar in stärkerem Maße ein Zugewinn der Beschäftigung in diesem Sektor gelingt. Die Kreise mit schlechter Erreichbarkeit weisen nur Werte von 65-75% der Vergleichswerte der Entwicklung der Gebiete mit guten Erreichbarkeitsverhältnissen auf. Somit kann durch diese Datenlage vermutet werden, daß eine gute Erreichbarkeit die Transformation des Arbeitsmarktes beschleunigt, was möglicherweise ebenfalls auf die bessere Anbindung zu größeren Zentren und Agglomerationen zurückzuführen ist. Gute Erreichbarkeit kann also ggf. durch die erhöhte Nachfrage ein Standortvorteil für auf Dienstleistungen spezialisierte Unternehmen sein.

4.4 Kommunale Finanzsituation

Als ein weiterer Aspekt soll nun noch die kommunale Finanzlage betrachtet werden. Hierzu wurden die gesamten Steuereinnahmen der Kreise und kreisfreien Städte sowie die Gewerbesteuer als Indikator für die Anbindung von Unternehmen am jeweiligen Standort und die Einkommenssteuer als Maß für die Attraktivität einer Region als Wohnstandort (hier ist natürlich die Relation zur Einwohnerdichte dringend zu beachten) zur näheren Betrachtung ausgewählt.

Steuereinnahmen 1989

Typ-I-Gebiete	Gesamte Steuer-Einnahmen je Einwohner in DM 1989	Entwicklung in % 1985-1989	Gewerbe-steuer-Einnahmen je Einwohner in DM 1989	Entwicklung in % 1985-1989	Einkommens-steuer-Einnahmen je Einwohner in DM 1989	Entwicklung in % 1985-1989
Kreise mit guten Erreichbarkeitsverhältnissen	1042,17	22,62	416,00	21,47	503,43	28,42
	100,00%	100,00%	100,00%	100,00%	100,00%	100,00%
Kreise mit schlechten Erreichbarkeitsverhältnissen	908,27	27,17	366,73	30,53	430,07	28,91
	87,15%	120,12%	88,16%	142,19%	85,43%	101,75%
Bundesrepublik gesamt	1160,00	21,10	502,00	19,70	523,00	24,10
	111,31%	93,27%	120,67%	91,76%	103,89%	84,81%

Steuereinnahmen 1989

Typ-II-Gebiete	Gesamte Steuer-Einnahmen je Einwohner in DM 1989	Entwicklung in % 1985-1989	Gewerbe-steuer-Einnahmen je Einwohner in DM 1989	Entwicklung in % 1985-1989	Einkommens-steuer-Einnahmen je Einwohner in DM 1989	Entwicklung in % 1985-1989
Kreise mit guten Erreichbarkeitsverhältnissen	978,40	23,51	365,55	24,15	500,05	26,26
	100,00%	100,00%	100,00%	100,00%	100,00%	100,00%
Kreise mit schlechten Erreichbarkeitsverhältnissen	945,13	25,87	359,87	26,81	469,53	29,05
	96,60%	110,02%	98,45%	111,05%	93,90%	110,61%
Bundesrepublik gesamt	1160,00	21,10	502,00	19,70	523,00	24,10
	118,56%	89,75%	137,33%	81,59%	104,59%	91,77%

Steuereinnahmen 1999

Typ-I-Gebiete	Gesamte Steuer-Einnahmen je Einwohner in DM 1995	Entwicklung in DM 1991-1997	Gewerbe-steuer-Einnahmen je Einwohner in DM 1997	Entwicklung in DM 1991-1997	Einkommens-steuer-Einnahmen je Einwohner in DM 1997	Entwicklung in DM 1991-1997
Kreise mit guten Erreichbarkeitsverhältnissen	1162,44	607,52	465,20	39,60	515,92	-15,44
	100,00%	100,00%	100,00%	100,00%	100,00%	100,00%
Kreise mit schlechten Erreichbarkeitsverhältnissen	1000,00	490,82	370,00	-23,00	467,00	-25,35
	86,03%	80,79%	79,54%	-58,08%	90,52%	164,20%
Bundesrepublik gesamt	1155	593	484	45	482	4
	99,36%	97,61%	104,04%	113,64%	93,43%	-25,91%

Steuereinnahmen 2003

Typ-II-Gebiete	Gesamte Steuer-Einnahmen je Einwohner in Euro 2000	Entwicklung in Euro 1995-2000	Gewerbe-steuer-Einnahmen je Einwohner in Euro 2000	Entwicklung in Euro 1995-2000	Einkommens-steuer-Einnahmen je Einwohner in Euro 2000	Entwicklung in Euro 1995-2000
Kreise mit guten Erreichbarkeitsverhältnissen	537,25	74,05	128,55	11,00	321,70	26,75
	100,00%	100,00%	100,00%	100,00%	100,00%	100,00%
Kreise mit schlechten Erreichbarkeitsverhältnissen	521,07	64,20	130,27	-0,20	304,07	29,20
	96,99%	86,70%	101,34%	-1,82%	94,52%	109,16%
Bundesrepublik gesamt	523	61	145	23	280	-8
	97,35%	82,38%	112,80%	209,09%	87,04%	-29,91%

In der Beurteilung der Steuereinnahmen lassen sich ebenfalls bemerkenswerte Tendenzen ablesen. Für das Jahr 1989 ist in beiden Gebietstypen zu erkennen, daß alle drei benannten Steuer-Indikatoren in der Summe bei den Kreisen mit schlechten Erreichbarkeitsverhältnissen um etwa 5-15% geringer ausfallen als bei den Kreisen mit guter Erreichbarkeit, aber im Beobachtungszeitraum um etwa 10-20%, teilweise sogar 40%, stärker gestiegen ist.
Für die Daten des Berichtsjahres 1999 sind diese Werte jedoch verändert. Die Kreise schlechter Erreichbarkeit können hier weiterhin nur mit 80-90% der gesamten Steuereinnahmen im Vergleich rechnen. Die Entwicklung der einzelnen Steuern ist jedoch stark unterschiedlich. Während die absoluten Steuersummen nur ~80% betragen, ist die Entwicklung der Gewerbesteuer bei schlechten Erreichbarkeitsverhältnissen sogar negativ, dagegen hat sie in den Kreisen mit guter Erreichbarkeit sogar stark zugenommen. Die Entwicklung der Einkommenssteuern ist in beiden Fällen negativ, bei schlechter Erreichbarkeit aber noch stärker als bei guter.

Dies setzt sich auch im Berichtsjahr 2003 fort. Auch hier beträgt in den Kreisen mit schlechteren Erreichbarkeitsverhältnissen die Entwicklung der gesamten Steuern nur ~87% und die Gewerbesteuer-Einnahmen sind leicht rückläufig (im Gegensatz zu den weiterhin ansteigenden bei Kreisen mit guter Erreichbarkeit). Die Einkommenssteuer liegt inzwischen über der von gut erreichbaren Kreisen, kann aber die Verluste bei den gesamten Steuern und den Gewerbesteuern nicht kompensieren.
Dies bedeutet im Ganzen, daß Kreise mit schlechter Erreichbarkeit in jüngster Vergangenheit mit einer im Vergleich geringeren Steuereinnahme zu rechnen haben, und dies nicht nur in absoluten Zahlen, sondern auch im Verhältnis der Entwicklung. Sie werden also Probleme haben, ihre infrastrukturellen und weiteren Angebote in gleicher Weise aufrechtzuerhalten bzw. auszubauen wie die Kreise mit guter Erreichbarkeit. Auch in der Betrachtung der Gewerbesteuer-Entwicklung wird dies verdeutlicht. Kreise mit schlechten Erreichbarkeitsverhältnissen sind mit einem Rückgang ihrer Gewerbesteuer-Einnahmen konfrontiert, während Kreise mit guter Erreichbarkeit ihre Zahlen dort steigern konnten. Dies ist ein weiteres Indiz, das es Kreisen mit guter Erreichbarkeit besser gelingt, Gewerbetreibenden und Industriebetrieben aufgrund der besseren überregionalen Anbindung (und möglicherweise bereits aufgrund besserer funktionaler Ausstattung, wie im Zuge der Analyse der gesamten Steuern angedeutet) als Standort zu dienen. In bezug auf die

Einkommenssteuer-Bindung ist eine starke Annäherung an die Kreise mit guten Erreichbarkeitswerten festzustellen, was sicher unter anderem durch den letzten noch in die Analyse mit einfließenden Punkt, nämlich die Preise des Baulandes, begünstigt wird.

4.5 Baulandpreise

Die Datenanalyse abschließend, soll nun die Höhe und Entwicklung der Baulandpreise noch eine Betrachtung erfahren. Denn auch an diesen Werten läßt sich die Attraktivität eines Gebietes für die Ansiedlung neuer Betriebe und Einwohner ablesen. Man kann davon ausgehen, daß Gebiete, in denen die Baulandpreise vergleichsweise hoch sind, sich einer erhöhten Nachfrage und/oder Attraktivität ihres Baulandes bewußt sind und darum höhere Summen für den Verkauf ihrer Baugebiete erzielen können. Umgekehrt sind weniger gefragte Gebiete wohl zumeist dazu gezwungen, ihre Baulandpreise entsprechend niedriger anzusetzen, um Nachteile bei weichen und/oder harten Standortfaktoren durch ein günstigeres Angebot auszugleichen.

Baulandpreise 1989

Typ-I-Gebiete	**Baulandpreise 1985/86 in DM/m²**	**Entwicklung 1985/86-1988/89 in DM/m2**
Kreise mit guten Erreichbarkeitsverhältnissen	179,05	18,41
	100,00%	100,00%
Kreise mit schlechten Erreichbarkeitsverhältnissen	80,71	7,73
	45,08%	42,01%
Bundesrepublik gesamt	115,00	7,00
	64,23%	38,02%

Baulandpreise 1989

Typ-II-Gebiete	**Baulandpreise 1985/86 in DM/m²**	**Entwicklung 1985/86-1988/89 in DM/m2**
Kreise mit guten Erreichbarkeitsverhältnissen	109,67	7,24
	100,00%	100,00%
Kreise mit schlechten Erreichbarkeitsverhältnissen	86,14	5,00
	78,55%	69,11%
Bundesrepublik gesamt	115,00	7,00
	104,86%	96,75%

Baulandpreise 2003

Typ-I-Gebiete	Baulandpreise 1998/99/2000 in Euro/m²	Entwicklung 1995/96-1999/2000 in Euro/m2
Kreise mit guten Erreichbarkeitsverhältnissen	139,27	0,32
	100,00%	100,00%
Kreise mit schlechten Erreichbarkeitsverhältnissen	76,53	5,79
	54,95%	1832,14%
Bundesrepublik gesamt	70	14
	50,26%	4433,33%

Baulandpreise 2003

Typ-II-Gebiete	Baulandpreise 1998/99/2000 in Euro/m²	Entwicklung 1995/96-1999/2000 in Euro/m2
Kreise mit guten Erreichbarkeitsverhältnissen	99,72	0,76
	100,00%	100,00%
Kreise mit schlechten Erreichbarkeitsverhältnissen	67,92	3,18
	68,11%	416,08%
Bundesrepublik gesamt	70	14
	70,19%	1830,77%

Anhand dieser Tabellen sind drei wesentliche Beobachtungen zu treffen.
Erstens ist zu bemerken, daß in den Kreisen mit schlechten Erreichbarkeitsverhältnissen die Baulandpreise sowohl für den Berichtsband 1989 als auch 2003 sehr viel niedriger liegen als bei guten Erreichbarkeitsverhältnissen, sie erreichen nur zwischen 45 und 79% der Vergleichswerte.
Zweitens ist festzustellen, daß die Entwicklung der Baulandpreise im Berichtsband 1989 bei den Kreisen mit guten Erreichbarkeitsverhältnissen sehr viel höher liegt als bei den Kreisen mit schlechten Erreichbarkeitsverhältnissen, während für das Berichtsjahr 2003 die Baulandpreise sich nur noch bei schlechten Erreichbarkeitsverhältnissen geringfügig nach oben entwickeln, bei guten Erreichbarkeitsverhältnissen aber auf vergleichsweise hohem Niveau stagnieren.
Die dritte Beobachtung ist, daß die Kreise mit guter Erreichbarkeit ihre Baulandpreise weitaus höher ansetzen als im Bundesdurchschnitt. Die Kreise mit schlechter Erreichbarkeit haben 1989 noch niedrigere Baulandpreise als der Bundesdurchschnitt, konnten jedoch diese Summe bei der neueren Datenauswahl im Grunde an den bundesweiten Mittelwert angleichen.
Die zuvor getroffene Behauptung, daß die Kreise mit guter Erreichbarkeit auch weitaus höhere Preise für ihr Bauland verlangen können, wird also durch diese Datenlage gestützt. Die Nähe und Erreichbarkeit von überregionalen Verkehrsverbindungen und Zentren hat offenbar direkte Auswirkungen auf den Verkaufs-Wert des in den Gebieten neu vergebenen Bodens. Auch bei den Korrelationsanalysen der Erreichbarkeitsindikatoren mit den Baulandpreis-Indikatoren konnte eine mittlere bis zuweilen hohe negative Korrelation in nahezu

allen Fällen festgestellt werden. Je schwieriger also die Erreichbarkeit zu überregionalen Verkehrsverbindungen, Güter- und Personenverkehrszentren sowie funktionaler Zentren, des niedriger der Baulandpreis – dieser Zusammenhang besteht zweifelsohne.

5. Fazit

In der gesamten Betrachtung aller zuvor aufgeführten Indikatoren zeigt sich, daß einige Teilbereiche durchaus mit den Erreichbarkeitsindikatoren in Zusammenhang stehen. Die Kreise und kreisfreien Städte mit guten Erreichbarkeitsverhältnissen können in bezug auf die Entwicklung des Bruttoinlandsproduktes und der Bruttowertschöpfung, die Umsätze der ansässigen Firmen, der Beschäftigtenquote und deren Entwicklung mit günstigeren Werten rechnen als die Kreise und kreisfreien Städte mit schlechten Erreichbarkeitsverhältnisse. Diesen gelingt es offenbar auch schlechter bzw. langsamer, sich auf die Transformation des Arbeitsmarktes im Hinblick auf die Expansion des Dienstleistungs-Sektors einzustellen. In der kommunalen Finanzsituation zeigt sich ebenfalls eine deutliche Diskrepanz zwischen Gebieten mit guten und schlechten Erreichbarkeitswerten. Weisen Gebiete eine hohe zeitliche und räumliche Entfernung zu überregionalen Verkehrswegen und Zentren auf, so müssen sie auch mit einer geringeren Einnahmesituation hinsichtlich der gesamten Steuereinnahmen, aber auch im Besonderen der Gewerbesteuer- und Einkommenssteuereinnahmen rechnen. Der Erlös aus dem Verkauf von Bauland ist ebenfalls deutlich geringer. Die Einnahmesituation wird auch hier deutlich verringert, so daß bei der Gesamt-Analyse der kommunalen Finanzen die Kreise mit schlechten Erreichbarkeitsverhältnissen mit deutlich bescheideneren Einnahmen rechnen müssen.

Es zeichnet sich also ab, daß eine Reihe von Indikatoren der regionalen wirtschaftlichen und demographischen Entwicklung durchaus von den Erreichbarkeitsindikatoren beeinflußbar scheint. Wie stark dieser Einfluß ist und für welche Indikatoren er letztendlich gültig scheint, hängt zum Einen von der Auswahl und dem Umfang der verwendeten Daten ab, zum Anderen aber sicher auch in nicht unerheblichem Maße von der folgenden Auswertung und Interpretation. Ein Zusammenhang vieler Kenngrößen der wirtschaftlichen Regionalentwicklung mit einer günstigen Verkehrssituation läßt sich aber sicherlich nicht im Ganzen abstreiten. Hier bedarf es also einer weitergehenden und standardisierten Datenanalyse sowie einer klaren Unterteilung in bezug auf die Auswahl der Untersuchungsgebiete, um eindeutig und zweifelsfrei Rückschlüsse auf die Qualität und Quantität des Einflusses von neuen Verkehrsinfrastrukturprojekten auf die Regionalentwicklung ziehen zu können. Aufgrund der geringen Grundgesamtheit der in dieser Untersuchung ausgewählten Gebiete ist eine generalisierende Beurteilung über diesen Einfluß sicherlich nur von begrenzter Aussagekraft, wenngleich die getroffenen Aussagen in bezug auf *diese* Datenbasis bereits grundlegende Schlußfolgerungen zulassen. Aufgrund der mangelnden Vergleichbarkeit einiger Indikatoren durch die unterschiedliche Auswahl, Definition und Berechnung in den verschiedenen Berichten der „Aktuellen Daten zur Entwicklung der Städte, Kreise und Gemeinden" ist auch eine Einordnung der zeitlichen Entwicklung deutlich erschwert.

Die Unterteilung der Untersuchungsräume in Typ-I-Gebiete und Typ-II-Gebiete hat sich in der Nachbetrachtung als wenig sinnvoll erwiesen. Die bereits geringe Grundgesamtheit der Daten nochmals in zwei Teile aufzugliedern, reduziert die

Aussagekraft der ermittelten Werte nochmals, da Extremwerte noch zu stark zum Tragen kommen, und die ermittelten Unterschiede zwischen beiden Gebietstypen sind so eher regionalen Besonderheiten als wirklich generellen Unterschieden zuzuordnen.
Es ist zudem zu beachten, ob die Frage nach „regionaler Entwicklung" immer mit der rein wirtschaftlichen Entwicklung gleichzusetzen ist. Eine Reihe weiterer demographischer Indikatoren wurde zwar in der Untersuchung erfaßt, konnte aber aufgrund der zeitlichen Beschränkung nicht mehr in derselben Weise wie die wirtschaftlichen Teilbereiche ausgewertet werden. Faktoren aus anderen Bereichen wurden in dieser Untersuchung gar nicht erfaßt. Hier ist die Frage zu stellen, ob denn die wirtschaftlichen Kenndaten letztendlich immer die hauptsächlich zu beachtenden Auswirkungen neuer großräumlicher Verkehrsprojekte sind oder ob nicht auch den Bereichen der Erhaltung von Umwelt- und Lebensqualität sowie den sogenannten „weichen Standortfaktoren" das Hauptaugenmerk gelten soll bzw. kann.
Dennoch: Ein Zusammenhang zwischen den Erreichbarkeitsverhältnissen und der wirtschaftlichen Regionalentwicklung ist vorhanden, unklar ist aber, ob beim Bau neuer überregionaler Verkehrsverbindungen ebenfalls deutliche Verbesserungen der wirtschaftlichen Indikatoren zu erreichen sind oder ob aufgrund der ubiquitären Ausstattung mit Verkehrsverbindungen ein Angleichen an die Werte der Erreichbarkeitsverhältnisse eine Verbesserung zwar eher möglich, aber nicht zwingend ist. Hier bedarf es auch einer weiteren Analyse, wie stark eine Verbesserung der Erreichbarkeitsverhältnisse durch den Bau von neuen Verkehrswegen überhaupt sein kann. Es ist fraglich, ob die zeitliche Entfernung zu mittel- und oberzentralen Funktionen, zu Agglomerationen und Metropolregionen bzw. zu überregionalen Verkehrszentren allein durch solche neue Verkehrswege wirklich in starkem Maße reduziert werden kann.

6. Datenbasis

- „Aktuelle Daten zur Entwicklung der Städte, Kreise und Gemeinden", Berichte des BBR, Jahrgänge 1989/90, 1999 und 2003, Bonn.

- Karten der Untersuchungsgebiete: Eigene Bearbeitung der Karte der Raumordnungsregionen, Stand 1.1.2001, aus „Aktuelle Daten zur Entwicklung der Städte, Kreise und Gemeinden", Jahrgang 2003, Bonn.

- Für die Feststellung der Freigabe der einzelnen Autobahnteilstücke: www.autobahn-online.de

7. Anhang (Karten der Untersuchungsgebiete)

In grün wurden jeweils die Gebiete mit guten Erreichbarkeitsverhältnissen eingefärbt, blaue Gebiete stellen Kreise und kreisfreie Städte mit schlechten Erreichbarkeitsverhältnissen dar.

7.1. Typ-I-Gebiete: Gebiete mit in jüngster Vergangenheit realisierten Autobahnprojekten

a) A81: Stuttgart-Singen

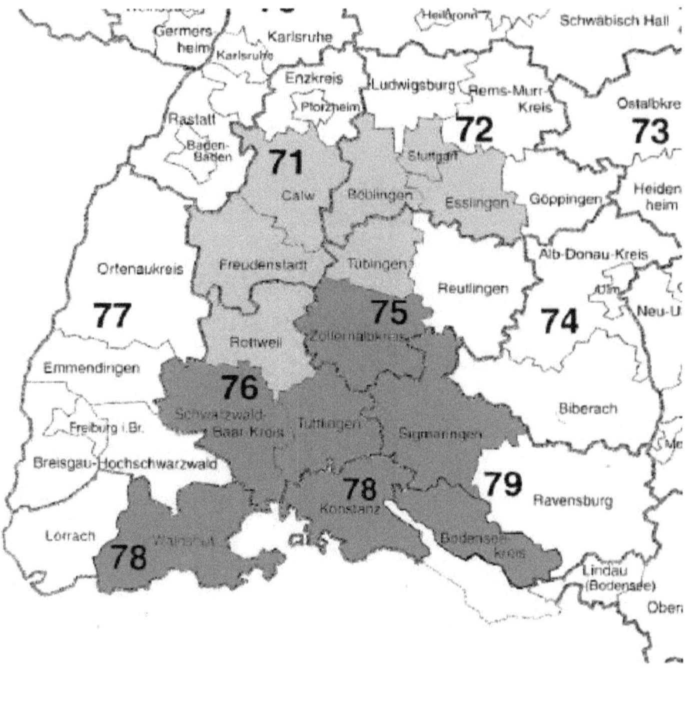

b) A3 Regensburg – Passau / A93: Autobahnkreuz A9/A93(Dreieck Holledau)-Regensburg-Weiden-Hof

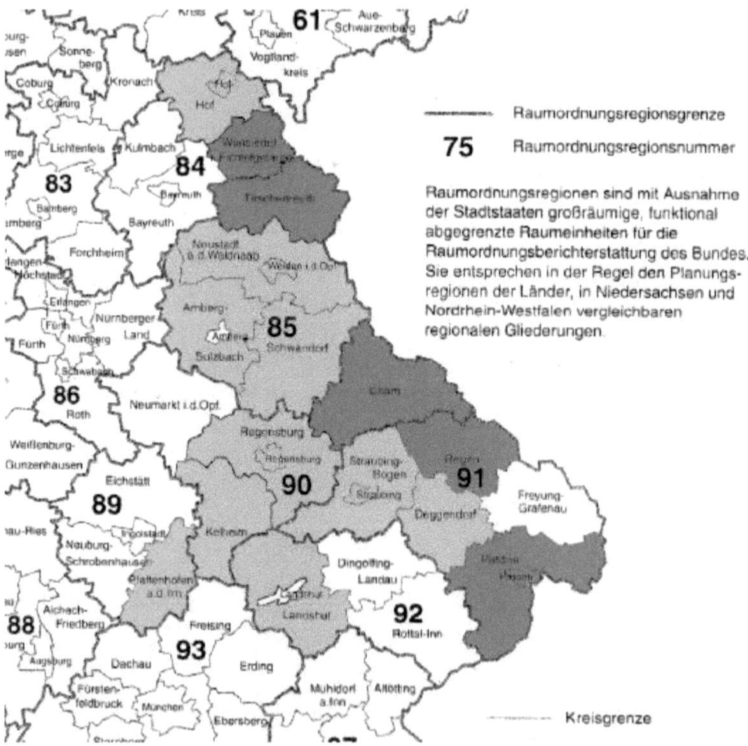

c) **A31: Bottrop -Emden**

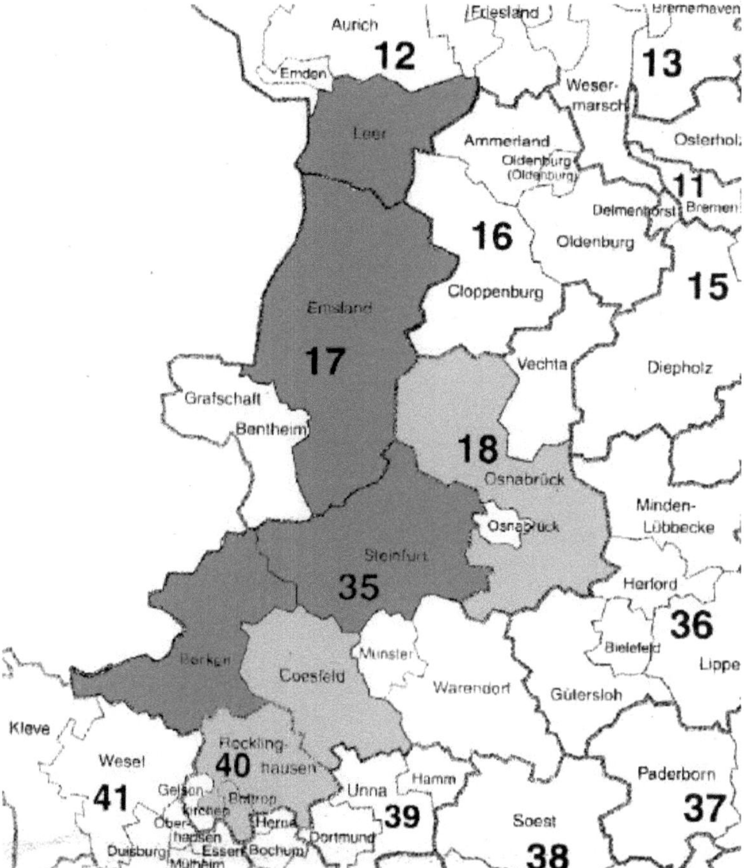

7.2 Typ-II-Gebiete: Gebiete ohne überregionale Verkehrsverbindungen

a) Zwischenraum Kassel-Göttingen-Hannover-Bielefeld-Paderborn

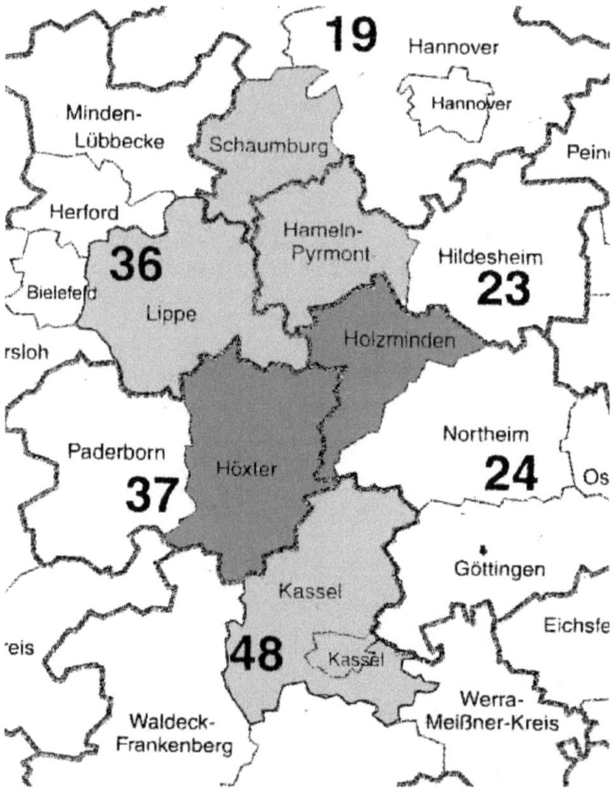

b) **Zwischenraum Siegen- Gießen-Kassel**

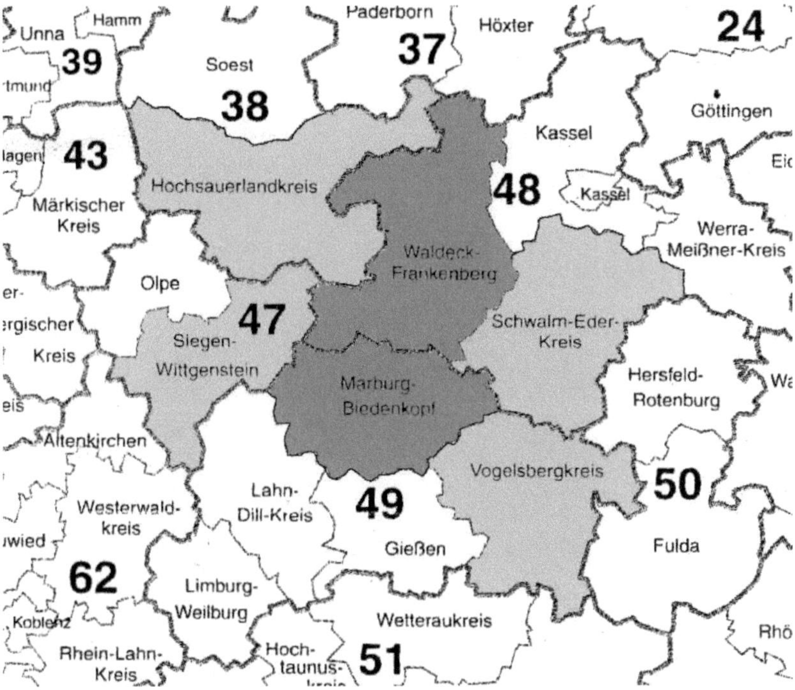

c) **Zwischenraum Schaffhausen-Lindau-Stuttgart-Ulm**

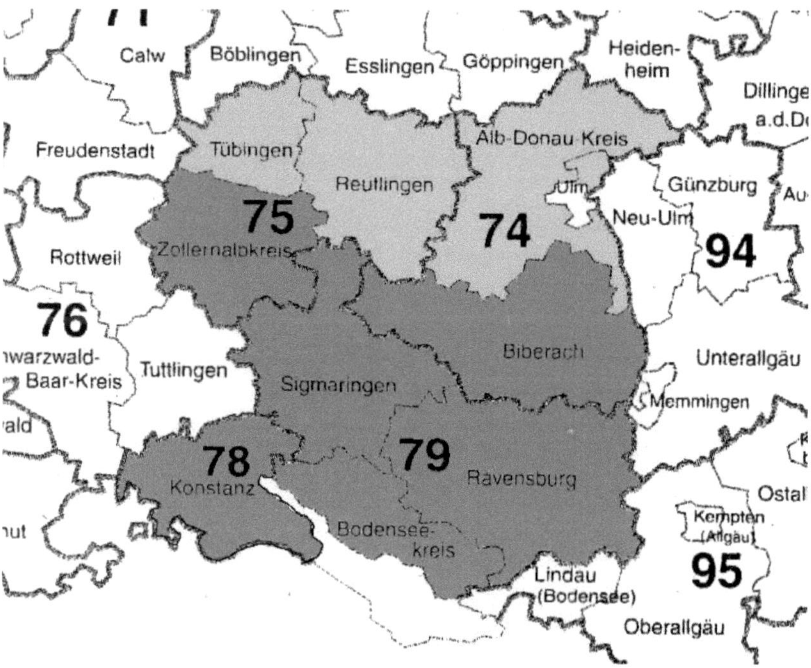

d) **Zwischenraum Ulm-Augsburg-München-Nürnberg-Autobahnkreuz A6/A7**

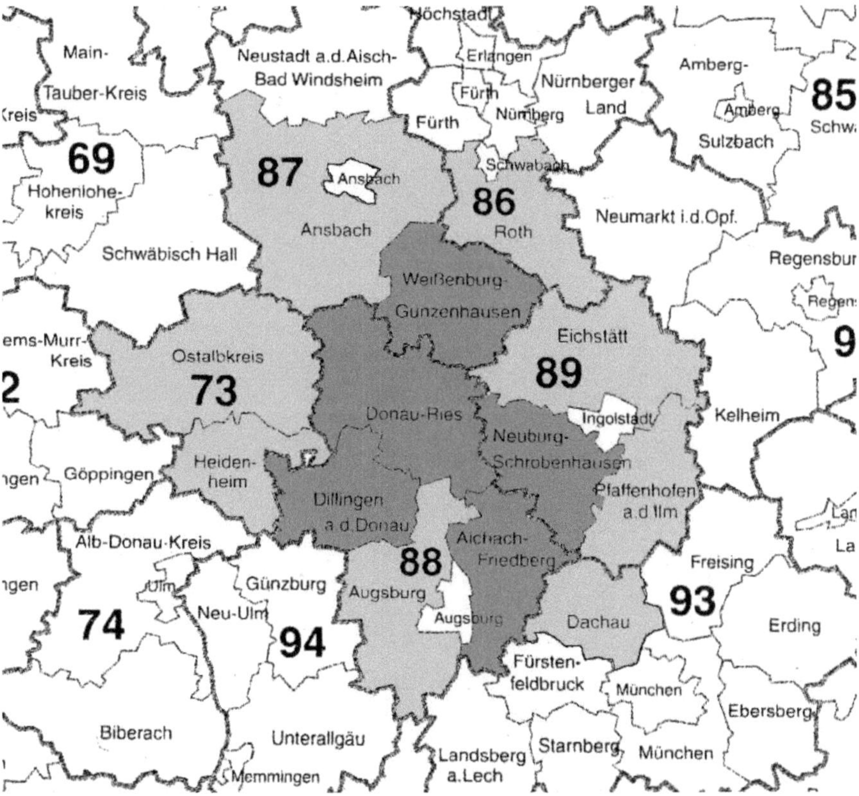